U0012771

營養師媽咪的健康寶寶飲食法

從寶寶過敏、感冒、挑食各種飲食問題的專業建議，
到如何料理寶寶粥和**BLW手指食物**，
70道讓媽媽輕鬆準備的**副食品**，
給孩子健康又營養的每一餐。

孫語霙——著

PREFACE．自序

我是一位從事自媒體工作的營養師，除了不定期錄影或演講教學外，大部分的時間我都是「在家工作」，2020 年我結婚了，婚後隨即懷了兒子小漢堡，一直嚮往有自己的孩子，加上懷孕過程中賀爾蒙的催化，我整天沈浸在滿滿的幸福當中，當時我在心裡打定主意：「小漢堡 2 歲以前，我都要自己帶，每天幫他準備營養的三餐加點心」！

剛從月子中心回到家，一打一雖然很消耗體力，但我依然甘之如飴，直到寶寶滿 4 個月開始吃副食品後，我的生活開始變調。

第一次煮十倍粥給小漢堡吃，他似乎不太喜歡，吃了幾口就撇頭不吃，剩下一大鍋不知道該怎麼處理，請家人試喝，大家都異口同聲的說：「這麼難喝，難怪他不愛喝啊！」。

我更積極的準備各種副食品給小漢堡吃，南瓜泥、燕麥粥、香蕉泥……，小漢堡總算吃得津津有味、眉開眼笑，但是光準備副食品、餵食、清洗及善後就佔據我大量的時間，好不容易寶寶睡著了，我還得抓緊時間兼顧工作、寫寫臉書貼文、維持粉絲專頁熱度，一刻不得休息，每天晚上睡覺前，我的身體彷彿被毆打過一般的疲勞與痠痛。

凡事親力親為，把寶寶擺在優先順位的我，生活逐漸失控，夜晚睡不飽、白天沒精神、工作效率低落、吃飯也經常囫圇吞棗的亂吃一通，育兒從原本的甜蜜變成了沈重的負擔。

有天寶寶午睡，我一個人坐在沙發上，眼淚流了出來，我覺得自己很可憐，為了帶小孩，我已經多久沒有一個人出門走走、沒有和朋友聚餐，甚至因為沒辦法好好吃飯而復胖，我一個營養師都不像營養師了？

好險我天生樂觀，遇到問題就會找方法解決，我開始研讀許多醫師、營養學家、家庭主婦的副食品書籍及國內外嬰幼兒營養的資料，試圖找出最高效率的育兒方法，但是最終我得到一個結論——沒有一種嬰幼兒飲食方法是完美無缺的，吃泥狀食物少了口腔刺激、吃手指食物容易髒亂、先米精後麥精、避開過敏食物的鐵則也早已被推翻，而我唯一可以做的就是「找出一套自己可以輕鬆實踐的飲食法」。

在我們營養學的領域裡，飲食越多元，所獲得的營養素就越多、對長期的健康越有助益，因此我更有信心，改造我的副食品準備方式。

我開始以家庭為核心，把寶寶視為「搭伙」，假如今天家裡煮糙米飯、炒青菜、煎鮭魚、香菇雞湯，那麼就在食物調味前，取出要給寶寶食用的部分，蔬菜、魚肉搗碎，香菇雞湯加一點米飯煮成粥，飯後水果吃小番茄，切幾顆成為手指食物給寶寶練習；假如今天我沒空煮，那麼就帶著寶寶吃外食，挑清水燙一燙即可食用的火鍋或是在便利商店買個蒸地瓜給他。

我發現，這樣一條龍的作業方式，寶寶可以在一餐當中攝取到 2 ～ 5 種不同類別的食物，營養遠勝單調的食物泥，而且我可以在短時間內同時完成大人及小孩需要吃的食物，完全不費力、不浪費時間，在寶寶 6 個月開始執行 BLW、手指食物的練習後，我可以和寶寶同步用餐，再也不用為了餵小孩吃飯而吃冷掉的飯菜，我的生活逐漸找回該有的秩序，壓力瞬間少掉一半，情緒問題也改善很多。

我相信，每個家庭都有獨樹一幟的生活及飲食型態。
這本營養師媽咪的健康寶寶飲食法並不是要「教你」怎麼育兒，而是以營養學的概念為基礎，親身經歷為輔，統整出一套適合現代家庭，讓媽咪及寶寶都受惠的飲食方法，如果你因寶寶的飲食問題所苦，經歷和當時的我一樣的黑暗期，相信在閱讀此書之後並且努力實踐後，你也能夠撥雲見日、重拾育兒的開心與喜悅。

孫語霙

CONTENTS. 目錄

CHAPTER 1
認識副食品

CHAPTER 2
養出健康寶寶的營養知識與食物選擇

CHAPTER 3

寶寶副食品實戰篇

CHAPTER 4

常見的疑難雜症

RECIPE. 寶寶的副食品食譜

4~6 個月

7~9 個月

10~12 個月

CHAPTER 1

認識副食品

開始使用前大人和寶寶皆需做好準備

- 副食品是什麼？為什麼要吃副食品？
- 出現這四大徵兆，代表寶寶準備好要吃副食品了
- 嬰幼兒的生長發育及生理變化
- 嬰幼兒口腔發展與食物型態
- 現在正流行 BLW 是什麼？適合我家寶寶嗎？
- 副食品派別多，泥派、BLW、混合派……該如何選擇？
- 副食品新觀念－以「家庭」為核心，少量多樣化、跟著大人吃！
- 寶寶跟著大人吃執行前必知的五大守則

1-1 副食品是什麼？為什麼要吃副食品？

「寶寶 4 個月，開始吃副食品了嗎？」記得寶寶剛滿 4 個月時，小兒科醫師親切的問到。

「嗯……有啊！」我心虛地回答，身為熱血沸騰的營養師媽咪，寶寶滿 4 個月的那天，我煮了一大鍋的十倍粥，打算讓他品嘗第一種除了奶以外的食物，結果胃口一向很好的寶寶竟然不賞臉，吃了一口就把頭撇開不願再吃，導致於家裡的冷凍庫裡還有滿滿的十倍粥冰磚，不知道什麼時候才吃得完。

在台灣，小兒科醫師往往只會在寶寶滿 4 個月的時候提醒：「寶寶可以開始吃副食品了！」

至於「副食品怎麼做、怎麼吃、怎麼餵？」卻沒有完整的指導，導致於多數的媽媽滿頭問號，只好紛紛上網尋求解答，在我的粉絲團裡，幾乎天天都會收到「十倍粥是怎麼煮？」、「4 個月可以吃什麼水果？」、「寶寶不吃怎麼辦」……這樣的提問訊息。

因此，在寶寶開始吃副食品之前，我想要帶領大家一起來認識一下「副食品是什麼」以及「為什麼寶寶要吃副食品？」。

了解副食品的意義是很重要的！正確的觀念有助於在副食品階段能夠保有一顆平常心、不會因為寶寶不吃而壓力緊繃，也不會輕易被網路農場文嚇到，最重要的是，當家中的長輩教你怎麼餵養小孩的時候，你心裡清楚明白孰是孰非，不用被牽著鼻子走。

// 寶寶吃副食品的 5 大理由及正確心態 //

副食品翻譯成英文叫做「solid food」，日本稱為「離乳食」，而中國大陸叫做「輔食」，顧名思義副食品指的是有別於奶水（液體）的固體食物，寶寶是為了迎接未來一歲後斷奶（離乳）所吃，主要的功能在於「輔助」，而不是扮演主要角色。

1. 銜接正餐

寶寶最終會從喝奶轉換為一日三餐，副食品是從喝奶到正餐的一段「過渡期」，也可說是寶寶從喝奶銜接到正餐的練習階段，因此剛開始吃副食品的寶寶可由一日一餐開始練習，隨著寶寶成長及食量的增加，逐漸調整為一日兩餐、一日三餐，循序漸進即可，不用一次給大量食物，造成寶寶壓力。

2. 補充營養

副食品能夠提供給寶寶奶水以外更多元的營養素。世界衛生組織建議，以純母乳哺育至6個月後為目標，再開始添加副食品即可，但在台灣，嬰兒在4個月後鐵缺乏的狀況有明顯的上升，若6個月後才開始給予副食品，可能會達到嚴重缺乏的程度，因此台灣兒科醫學會建議，4～6個月就可以開始給予副食品，來降低營養素缺乏的（如鐵、鈣等）狀況發生。

3. 探索學習

4個月大的寶寶，開始對世界產生更大的好奇心，米湯稠稠的質地、蘋果泥的酸甜、胡蘿蔔紅通通的顏色、地瓜泥軟軟的觸感⋯⋯，對寶寶的視覺、觸覺、嗅覺、味覺來說，都是全新的體驗，吃副食品不只是為了讓寶寶補充營養，更是寶寶探索世界、認識食物味道的重要管道。

4. 多元發展

對大人來說，把盤子裡食物送入口中是一件輕而易舉的事情，但對於寶寶來說，這一項動作可能包含了眼睛瞄準食物、用手移動抓起食物、舉起食物、把食物送到口腔當中，再用牙齒或牙齦碾碎、吞下，這一連串的動作牽涉到多種運動技能，寶寶的抓握能力、肢體協調能力及咀嚼功能都在一次次的練習當中越來越純熟，口腔功能的發展也為接下來的語言能力奠定下良好的基礎。

5. 飲食習慣

寶寶會透過模仿的方式，學習大人的一舉一動，想要養成均衡飲食習慣，從副食品階段就可以開始做起，一個家庭若習慣選擇天然、均衡的原型態食物、少調味、少加工、重視衛生及烹調方式，將有助於寶寶建立健康的擇食態度與健康體重的維持；同時，餐桌也是一家人情感交流的重要地點，養成親子共食的習慣，對於寶寶的認知發展、學業成績也會有正向的發展。

// 副食品不是競賽，而是練習 //

副食品就像是我們準備晉級考試的練習階段，大大小小的練習最終都是為了讓寶寶具備完整的進食功能，練習過程中表現有好有壞（吃多吃少）、偶爾失常（不吃）都是正常，只要在練習的過程中逐漸進步就好。

現代的媽媽已經夠忙了，別再把小孩吃副食品的壓力往身上攬，這個階段我們能做的，就是提供寶寶營養的食物來源，並且製作成適當的質地，讓寶寶盡情享受練習的過程。

一暝大一寸的重點筆記

- 寶寶滿 4 ～ 6 個月就可以開始給予副食品，太早或太晚都不利於寶寶發展。
- 吃副食品不只是為了補充營養，更是寶寶探索世界、多元發展的重要管道。
- 吃副食品不是競賽而是練習，提供營養的食物，讓寶寶盡情享受練習的過程吧！

1-2
出現這四大徵兆，代表寶寶準備好要吃副食品了

上一個章節有提到，寶寶 4 個月就可以開始吃副食品，於是許多媽咪 4 個月的鬧鐘一響，就開始給寶寶餵食副食品，卻沒顧慮到寶寶是否已經準備好。事實上，寶寶不是機器人，並不是時間一到就自然發展出吃副食品的技能，若操之過急，許多寶寶可是會以「絕食抗議」的方式來回應媽咪的。

不會說話的寶寶，要如何得知他們是否準備好要吃副食品了呢？以下四大徵兆是寶寶告訴你：「準備好了！」的訊號。

1. 對食物有興趣

隨著寶寶的發展，對周遭的人事物也開始感到極大的好奇，尤其是邁入 4 個月大以後，對於會動的玩具、閃閃發亮的燈泡、樂器發出的聲音，更是產生極大的興趣，喝奶時容易分心、厭奶，有些寶寶看爸媽在吃東西，會一直盯著、甚至出現流口水、伸手想要搶食物的動作，代表喝奶已無法滿足寶寶的味蕾，可以開始給他吃副食品了。

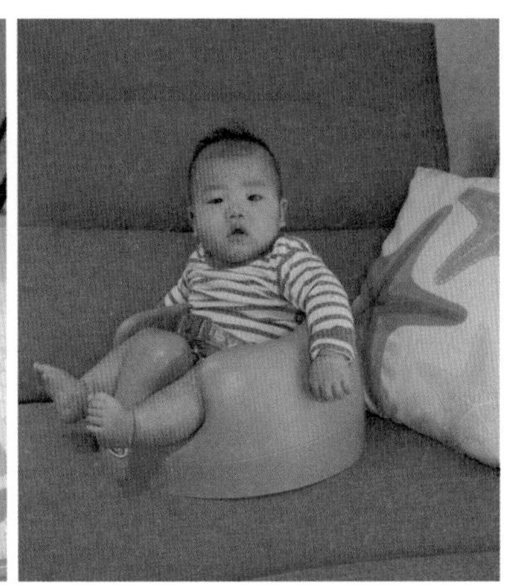

2. 吐舌反應消失

吐舌反應是寶寶與生俱來的保護功能，寶寶會將乳頭、奶瓶和奶嘴以外的東西往外推，避免誤食，吐舌反應尚未消失時，把湯匙放入寶寶口腔，他們會反射性地向外頂，很多媽媽以為這是寶寶挑食的表現，其實不是的，吐舌反應的存在代表寶寶口腔尚未發育完全，媽咪們不妨再耐心等等，大部分的寶寶吐舌的反應會在 4 ～ 6 個月消失，等寶寶準備好了再開始餵食較不會造成寶寶進食困難。

3. 脖子及背部硬挺

寶寶的動作發展是這樣的：3 個月大，俯臥時能抬頭至 45 度，滿 4 個月後，會用 2 隻前臂將頭抬高至 90 度左右，坐姿扶持時，頭部幾乎可一直抬起，抱直時脖子能夠豎直、保持頭部在中央，脖子及背部的硬挺可以確保寶寶在進食時能夠順利的將食物送入口中完成吞嚥，而不會嗆到。

4. 能夠抓握食物

寶寶在 0 ～ 3 個月時，觸摸他們的手掌，小手會自動打開手去抓取，這是與生俱來的「抓握反射」（Reflexive grasp）；寶寶滿 4 個月後，開始出現凝視手部、將玩具或食物抓握在手中的動作，稱為手掌抓握（Palmar grasp），這個時期的寶寶，已經具備「玩食物」的技能，寶寶邊吃邊玩是好奇心的表現，不需要刻意制止；而 6 個月大的寶寶，大多可以用手掌抓取食物，並放入口中，這代表手、眼、嘴三者的協調能力已發展得更成熟，可以進一步讓寶寶嘗試吃些好抓握的「手指食物」。

符合以上四大條件，代表寶寶的生理狀態已經處於適合吃副食品的階段，媽咪們可以開始給予副食品了，但對於寶寶來說「吃副食品」是一項全新、需要學習的技能，跳脫舒適圈總是會有點辛苦，我兒子剛接觸副食品時，仍非常眷戀用喝的方式快速得到飽足感，因此在肚子餓時，就會瘋狂尋乳，對於副食品產生抗拒或發脾氣。

寶寶是人不是機器，有情緒也有脾氣，在剛開始吃副食品的過程中，有大小餐的狀況是正常的，這時候採取「滾動式調整」會是比較理想的，如果寶寶這一餐胃口不好，那就給他吃個幾口，嘗個味道就好，下一餐餓了，多吃一些也無妨；過程中若發現寶寶還沒準備好，甚至可以先暫停個幾餐，等寶寶準備好再重新啟動，只要在 4 ～ 6 個月這段時間介入都是可行的，趕鴨子上架，除了造成寶寶壓力，也會讓照顧者的餵食工作更加困難，晚一點起步，不會讓寶寶輸在起跑點的。

一暝大一寸的重點筆記

- 寶寶準備好吃副食品的四大徵兆：對食物有興趣、吐舌反應消失、脖子及背部硬挺、能夠抓握食物。
- 剛開始吃副食品的寶寶胃口尚未穩定，有大小餐的狀況是正常的。
- 4 ～ 6 個月這段區間開始吃副食品都是可行的，不要趕鴨子上架，容易造成寶寶的壓力。

1-3
嬰幼兒的生長發育及生理變化

約莫在小漢堡 7、8 個月時，我帶著他去和年齡相近的小朋友一起玩，我不經意發現，別的小朋友已經會拍手，而小漢堡還不會，我緊張的問小朋友的媽媽：「怎麼教小寶寶拍手呢？」，對方是經驗豐富的三寶媽，她笑了一笑回答我：「不用擔心，不需要多久時間他自然就會這項技能了！」。

要怎麼判斷嬰幼兒的生長發育及生理變化是否正常呢？以下幾個是嬰幼兒發展的重要指標：

身高

嬰兒期是整個生命階段發育最快的一個階段，我國嬰兒出生時平均身長為 48 ～ 55cm，從出生到一歲的這一年當中，前半年每個月約增加 2.3cm，後半年每個月約增加 1.25cm，一年總增加高度為 23 ～ 25cm，一歲幼兒平均身高為 75cm。

大部分的醫療院所使用「嬰兒身長測量計」替寶寶量測身高，測量時需讓寶寶臥躺並將腿部伸直，測量計一端固定，另一端可左右移動並獲得數據，寶寶在哭鬧扭動時測量計容易產生誤差。

體重

台灣嬰兒出生時的平均體重為 3.4kg，其中男嬰出生體重為 3.5kg，女嬰為 3.1kg。嬰兒在剛出生的 2 ～ 3 天，由於吸吮能力有限，加上水分流失，體重會減少 4 ～ 6%，約在 7 ～ 10 天會恢復到出生時的體重，這段期間的體重變化屬於正常現象，可不必過於緊張。

嬰兒在 3 ～ 4 個月前，平均每日增加 20 ～ 30g，在 4 個月大時，體重約為出生時的 2 倍；3 ～ 4 個月至一歲前，平均增加 15 ～ 20g，一歲時大約是出生時的 3 倍，一年當中體重約增加 9 ～ 10kg，2 歲至青春期，平均每年增加 2kg，嬰兒體重是發育及營養狀況的綜合指標，建議定期檢測，以掌握營養狀態。

頭圍

嬰兒出生時平均頭圍約 33cm，前 3 個月每月增加 2cm，然後增加的速度變慢，第一年每個月平均增加 1cm，一歲過後頭圍約只會增加 10cm；2 歲幼兒頭圍為成人的 2/3，到了 4 歲時約達成人的 80 ～ 90%。頭圍顯示頭蓋骨發展狀況及腦部功能發育情形，攸關精神及運動功能，頭圍未達正常標準的幼兒，可能與營養不良、腦細胞生成較少有關。

牙齒

胎兒在媽媽肚子裡大約 3、4 個月時，乳牙的牙胚就已經開始成長，嬰兒在出生後 3 ～ 4 個月牙胚的軟組織開始鈣化，到了 6 ～ 8 個月時堅硬的乳牙開始萌發，這個階段的嬰兒常流口水、喜歡啃咬物品，有時也會因長牙而煩躁不安、夜哭。

乳牙共有 20 顆，上下各 10 顆，一般乳牙生長順序由下方中間門牙開始，之後依序為上方中間門牙、上方側門牙、下方側門牙、第一臼齒、犬齒、及第二臼齒，一歲半有 16 顆牙，2 歲時上下各 10 顆，共 20 顆。乳牙的質地比永久牙齒軟，易有蛀牙現象，建議在寶寶開始長牙後做好口腔衛生，並定期至牙科診所塗氟。

體型

嬰兒時期以智力為主要發展重點，因此頭部占較大比例，與身長比例為 1：4，至 2 歲約為 1：5，5 歲時約為 1：6，青春期為 1：7，成人則為 1：8。

心智及身體功能

嬰兒出生後即對於聲音與味道有反應；一個月大時下巴可抬起來；2 個月大時頭部及胸部可抬起；3、4 個月大時可控制脖子的活動，臉部也會朝向有聲音的方向轉動、手會伸出去觸摸東西、在大人的輔助下可坐起；5、6 個月大時手可握著東西；7 個月大時可以自己坐著、自己拿奶瓶喝奶、開始會認人且會以哭鬧表達情緒；8 個月大時可爬行；10 個月大時扶著東西可站立；11 個月大時可牽著手走路；一歲時在沒有大人的幫助下可獨自站立。

身高	體重	頭圍
出生：50cm	出生：3.1 ～ 3.2kg	出生：33cm
一歲：75cm	四個月：6.2 ～ 6.4kg	前三個月每月增加 2cm
三歲：90cm	一歲：10kg	之後約只再增加 10cm
四歲：100cm	五歲：20kg	

身體各部位的發育並非以相同速度進行，例如有些寶寶長高速度快，卻較晚發牙；有些寶寶體重急速成長，但身高未必領先，只要寶寶的數據落在正常範圍就不必過於緊張。另外，每個孩子都是獨立的個體，生長情形也關乎家族基因，所以只需要跟自己比，而非跟其他孩子做比較，媽咪們也不要對此給自己太大壓力！

一暝大一寸的重點筆記

- 嬰幼兒的發展隨著遺傳、環境的不同存在著個體差異，只要生長發育及生理變化屬於正常範圍，就不用太過緊張！
- 寶寶 4 個月大時，體重約為出生時的 2 倍；一歲時大約是出生時的 3 倍，與自己比較即可。
- 身體各部位的發育並非以相同速度進行，有些寶寶長高速度快，但卻較晚發牙。

1-4
嬰幼兒口腔發展與食物型態

小漢堡的第一口副食品是我煮的「十倍粥」，為了記錄小漢堡第一次吃媽媽煮的食物，我特別架了腳架，把這歷史性的一刻記錄下來，沒想到食物一送到他小小的口中，他竟然反射性地全部吐了出來，流得到處都是。雖然媽媽我理性上知道，他的「吐舌反應」還沒消失，但玻璃心還是碎了一地。

究竟寶寶的口腔功能及消化吸收能力是如何發展的呢？可以參考以下進展過程：

0 ～ 3 個月

新生兒天生就擁有搜尋乳頭及吸吮乳汁的能力，當我們抱著剛生出來的小嬰兒，寶寶會把臉轉向接觸他們臉部的那一面，並且來回轉動，找尋乳頭並吸吮乳汁，此功能稱為「搜尋反射（rooting reflex）」，有時候連爸爸抱著小嬰兒時，寶寶也會下意識地啟動搜尋反射，讓人覺得既可愛又好笑！

這個階段的寶寶不具有咀嚼能力，且消化道中消化酵素不足以消化母奶和配方奶以外的食物，因此給寶寶喝米湯、牛奶、羊奶都是不可行且沒有必要的。

食物型態：母奶及配方奶，液態食物。

4～6個月

寶寶大約在3～4個月大時，搜尋及吸吮的反射動作會逐漸消失，進而轉變為「可隨意控制」的搜尋能力，會自己找到奶瓶、奶頭。

另外，在此階段以前，只要有任何東西放在寶寶的舌頭上，他們都會企圖吐出，這是寶寶「吐出反射（extrusion reflex）」，大約是在4～6個月時，吐舌反射消失，寶寶逐漸具備吞嚥「糊狀食物」的能力，消化功能也逐漸成熟，副食品在這個階段介入最為適當。

寶寶出生後即具有味覺，且偏愛甜味，給他們吃些具有甜味的水果泥，他們可是會開心地手舞足蹈呢！

食物型態：米糊、地瓜泥、雞肉泥、蘋果泥、蔬菜泥……等「糊狀、半流質食物」。

7～9 個月

這個階段的寶寶，舌頭可前後、上下移動，且可以用舌頭壓碎食物，因此可以將食物型態調整成更接近固態的質地，例如：原本給寶寶吃米糊，可以將水分減少，米粒的軟硬度調整至「粥狀」，其他像是較熟的香蕉、柔軟的蒸蛋、細緻的魚肉也可以大膽給寶寶嘗試。每個寶寶個性不同，有些接觸到新的質地可能會抗拒，有些寶寶則會好奇的把食物吐出來把玩，這些都是正常的現象。

食物型態：蔬菜雞肉粥、麵線、蒸蛋湯、蒸魚……等「半固體」。

10～12 個月

經過幾個月的練習，10～12 個月的寶寶已經發展出更好的進食能力，加上許多寶寶在這個階段已經陸續長出牙齒，因此可以咀嚼更趨近於固態的食物，也發展出用牙齦壓碎食物的能力，因此像是燉飯、餛飩、肉餅……等軟質的固體食物，寶寶都有能力可以吃進肚子裡，要如何判斷寶寶有沒有能力咀嚼呢？大人可將食物放在大拇指及食指之間按壓，有些食物雖然需要花點力氣但仍「可壓碎」，例如：米餅，代表寶寶的牙齦可以磨碎；而怎麼壓都壓不碎的食物，例如：整顆的堅果，代表寶寶沒辦法咀嚼，就別給寶寶食用，以免發生危險。

食物型態：燉飯、餛飩、肉餅……等「可壓碎的軟固體」。

1～1.5 歲

一歲以上的寶寶，不論是消化、咀嚼、吞嚥、腎功能都更加成熟，準備一把食物剪刀，把大塊食物剪成丁狀或小塊狀，他們可以用牙齦及牙齒協力咬斷食物；另外他們的舌頭及嘴唇的控制力也更加靈活，液態食物可用吸管或杯子、湯碗進食，因此只要秉持不油炸、不加工、少調味的原則，這個世界的山珍海味都讓他們嘗試看看吧！

食物型態：乾飯、炒飯、小塊狀蔬菜、肉類等「固體食物」

一暝大一寸的重點筆記

- 4 個月以前的寶寶，除了母奶和配方奶以外，任何其他的食物都是沒有必要的。
- 食物質地循序漸進的從半流質、半固體，轉換為固體，可促進寶寶口腔發育。
- 一歲過後，秉持「不油炸、不加工、少調味」的原則，這個世界的山珍海味都讓他們嘗試看看吧！

各階段寶寶適合的食物型態建議

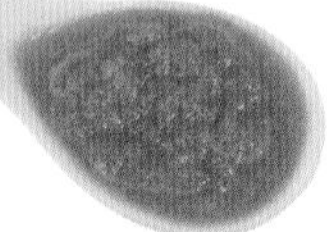

糊狀

4 ~ 6 個月

糊狀、半流質食物

Ex: 米糊、地瓜泥

測試方式

液體從湯匙上緩慢滴下

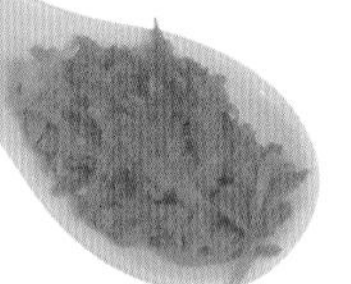

絲、小碎塊

7 ~ 9 個月

半固體

Ex: 粥、嫩豆腐

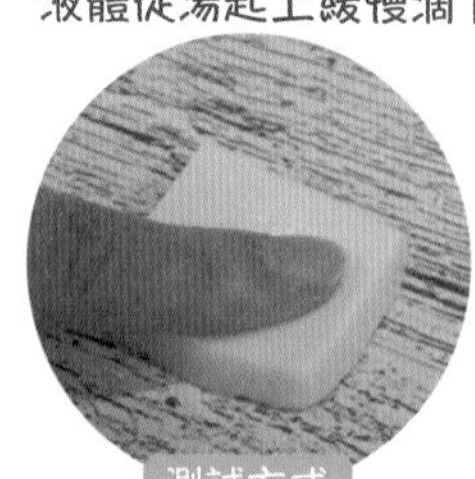

測試方式

手指一壓即碎

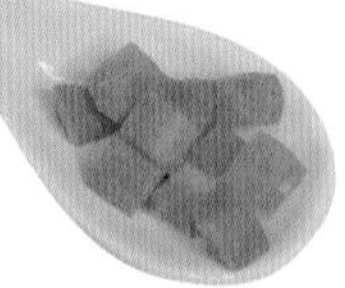

約 1 立方公分小塊 / 丁狀

10 ~ 12 個月

軟固體

Ex: 燉飯、肉餅

測試方式

手指稍微費力可壓碎

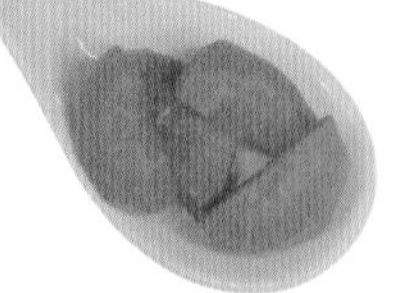

寶寶一口可食的大小

1 ~ 1.5 歲

固體食物

Ex: 炊飯、炒飯

測試方式

手指大力按壓才可壓碎

1-5
現在正流行 BLW 是什麼？適合我家寶寶嗎？

近幾年來，BLW 一直是媽媽社團中的熱門名詞，很多 BLW 的支持者紛紛表示：「我家寶貝是 BLW 寶寶，他不吃食物泥」、「我實施 BLW，我都讓寶寶自己吃」。究竟 BLW 是什麼？不吃食物泥、不餵食、吃手指食物就算是 BLW 嗎？或許在執行前可以先了解一下 BLW 的核心精神與優缺點：

// BLW 其實是一種信任 //

BLW 最早是由吉兒瑞普利（Gill Rapley）所提出，BLW 是 Baby-Led Weaning 的縮寫，翻譯成中文是「寶寶主導式離乳」，核心的價值就如同字面上所說「把吃飯的主導權交給寶寶」，也就是說，照顧者是食物的「供應者」，可以決定寶寶「吃什麼」、「什麼時候吃」以及「在哪裡吃」；而寶寶則有權力決定自己「要不要吃」、「要吃什麼」、「吃多少」、「吃多快」。

BLW 強調「信任」及「餐桌上責任分工」的重要性，照顧者除了扮演好供應的角色外，不應過度干預，取而代之的是「相信寶寶知道自己對食物的需求」。

// BLW 的執行方式 //

1. 開始的時間

當寶寶具備以下能力，代表可以嘗試 BLW 了，這些能力包含：**吐舌反應消失、對食物產生興趣、能夠獨立坐直、能夠用手抓食物並放入嘴巴**。基本上與寶寶開始吃副食品的指標無太大差異，唯有「獨立坐直」這一項能力，通常要等到寶寶 6 個月左右才會發展純熟。

2. 供餐時間

剛開始練習 BLW 的寶寶，一天 1 ～ 2 餐作為練習，用餐的時間可與喝奶間隔 2 ～ 3 小時，避免寶寶因喝完奶太飽而對食物失去興趣，挑選白天的時間用餐是因為若發生過敏的情形，也比較容易被察覺到。

3. 供餐的份量

起初，一餐可以供應 1 ～ 2 種不同的食物種類，例如：單純給予地瓜條，或地瓜條＋花椰菜即可，等到寶寶食量增加，再慢慢增加食物的多元性和份量。

未滿一歲的寶寶，基本上胃口還不是很穩定，有「大小餐」是非常普遍的現象，寶寶可能會因為不餓、想睡、想玩、長牙齒、感冒而選擇不吃或少吃，也有可能因為上一餐吃得少、消耗熱量多而吃得多。

4. 飢餓及飽足訊號

讓寶寶自己吃，我想最多人擔心的是「寶寶都不吃」怎麼辦？BLW 是建立在「信任」之上，既然選擇 BLW，就該相信，寶寶會根據自己饑餓與否來決定進食的份量，當然，我們也可以藉由寶寶的行為，來判斷他們有沒有吃飽、要不要繼續供應食物。

飢餓	飽足
哭泣	把食物推開
盯著食物流口水	把食物丟掉
手拿著食物	揉眼睛、打哈欠
指著食物並發出聲音	不願意待在餐椅上
專心啃、咬、吸食物	看到食物時嘴巴緊閉並轉頭

// BLW 的優點與缺點 //

對寶寶來說，由於 BLW 能夠 100% 主導自己的進食節奏，因此有很多機會能夠精進手部動作、手眼協調力，也因為寶寶有機會探索不同食物的顏色、形狀、質地及氣味，有助於咀嚼能力的發展。

對於照顧者來說，因為責任劃分的關係，寶寶吃多吃少的問題也就不會太上心，能夠大大減少心理壓力。就寶寶長期發展來看，有研究指出，BLW 寶寶未來挑食的機會較低，也擁有較好的食慾控制能力，較少發生過度進食的狀況，對於未來體重的控制更有幫助。

當然，BLW 也是有缺點的，例如寶寶在探索過程中會製造髒亂，照顧者在每一次用餐後都需要清理寶寶身體及周遭環境；另一方面，在台灣許多寶寶的照顧者是阿公阿嬤，他們對 BLW 並不了解，因此有極大的可能認為 BLW 是沒有必要的練習，進而造成兩代之間的衝突。

一暝大一寸的重點筆記

- BLW 的核心價值是「把吃飯的主導權交給寶寶」，寶寶有權力決定自己「要不要吃」、「要吃什麼」、「吃多少」、「吃多快」。
- 當寶寶吐舌反應消失、對食物產生興趣、能夠獨立坐直、能夠用手抓食物並放入嘴巴，就可以開始嘗試 BLW 了。
- 手眼協調能力、未來挑食機會低，有較好的食慾控制能力是 BLW 的優點，容易髒亂、尚未普及則是執行 BLW 容易遇到的困境。

1-6 副食品派別多，泥派、BLW、混合派……該如何選擇？

除了 BLW 之外，醫院衛教單張、網路上、五花八門的副食品書籍，仍有許多不同的副食品派別及建議，寶寶要開始吃副食品，擔心寶寶噎到，應該遵循古法，製作食物泥、寶寶粥，還是大膽的給寶寶手指食物、執行 BLW，讓寶寶有充足的探索機會呢？

其實，**傳統餵食和 BLW 其實並不衝突，兩者可以兼得！**在開始之前，一起來了解其中的差異和執行方法吧！

// 傳統餵食派 //

傳統餵食派是過去最普遍的餵食方式，以泥狀、粥狀食物為主，剛開始吃副食品通常以十倍粥、米糊為主，確認寶寶沒有過敏反應後，再加入另一種新的食物，食物的質地及濃稠度隨著寶寶發展逐漸調整，進食方式是由照顧者餵食。

由於食物質地一致，許多支持者認為可大幅減少寶寶噎到或嗆到的風險，但同時也讓寶寶的口腔少了刺激，間接影響咀嚼及語言能力的發展；另外，由於餵食方法較為被動，寶寶也少了探索食物的樂趣。

優點：餵食快速、易掌握寶寶進食速度及食量

// BLW //

跳過十倍粥及泥狀食物，6 個月起（或視寶寶發展狀況），給予寶寶可抓握的食物，譬如：地瓜條、煎蛋片、香蕉條……等，讓其自主進食，BLW 的核心價值是「信任」，照顧者在寶寶進食的過程中不介入、不打擾；讓寶寶有權力決定自己「要不要吃」、「要吃什麼」、「吃多少」、「吃多快」。

BLW 讓寶寶有機會看到、摸到、品嘗到食物的原型，在手部動作、手眼協調力、口腔發展能力也能夠得到較好的訓練。

優點：有助於手部動作、手眼協調力、口腔發展能力、多元感官刺激

// 手指食物 //

手指食物指的是一種食物的型態，只要寶寶能徒手拿起並食用的食物都可稱之。一般來說，寶寶 6 ～ 9 個月大時，已漸漸長牙且抓握的動作也正在發展中，這時候可給予寶寶「長條狀」手指食物；隨著寶寶的發展，抓握能力精進，9 ～ 12 個月，手指食物可從長條狀，調整成「薄片狀、小塊狀」型態；而一歲後，食物質地可以有更多變化，嘗試「外酥內軟」、「酥脆的」、「包餡多汁」的，一連串的食物演化，有助於讓寶寶發展精細動作及協調能力，同時訓練咀嚼與吞嚥的能力。

優點：手部動作、手眼協調力、口腔發展能力、多元感官刺激

// 混和派 //

結合傳統餵食派及 BLW 的做法，目前台灣多數的兒科醫師、營養師都建議，寶寶 4 ～ 6 個月起就可以開始吃一些副食品，但在這個過度階段，許多寶寶尚未發展出 BLW 的能力，因此大部分的照顧者仍比照傳統餵食法，給予泥狀、粥狀食物來餵食，等寶寶 6 個月後或牙口、進食能力有進展後，給予手指食物或執行 BLW，慢慢將進食主導權交給寶寶。

優點：根據寶寶的個性及發展逐步調整，能夠客製化為寶寶打造最適合的進食訓練

一暝大一寸的重點筆記

- 若持續維持同樣的食物質地，讓寶寶的口腔少了刺激，間接影響咀嚼及語言能力的發展。
- 手指食物應隨著寶寶發展，從「長條狀」調整成「薄片狀、小塊狀」型態；而一歲後，食物質地可以有「外酥內軟」、「酥脆的」、「包餡多汁」等更多變化。
- 傳統餵食和 BLW 其實並不衝突，根據寶寶的個性及發展逐步調整，為寶寶打造最適合的進食訓練才是重點。

1-7 副食品新觀念——以「家庭」為核心，少量多樣化、跟著大人吃！

許多新手媽媽，包含我自己，在副食品時期都經歷過一段混亂黑暗期，這一餐十倍粥、下一餐食物泥，又要準備大人要吃的餐點，每天在廚房忙進忙出，吃飯時間一到，我必須挨著飢餓，先把寶寶餵飽，再去吃冷掉的飯菜，日復一日，疲憊不堪。

為了改善這個問題，提高育兒效率，我以現代醫學為依據，統整出一套適合現代家庭，媽媽及寶寶都受惠的飲食方法，那就是——以「家庭」為核心，少量多樣化、跟著大人吃！（以下簡稱「跟著大人吃」）

// 「跟著大人吃」回到副食品的本質 //

我們先回歸到副食品的本質，是為了一歲之後和正常飲食接軌、讓寶寶養成均衡飲食的習慣，未來能夠順利地和家中的大人一起用餐；因此我們更不該把副食品與家庭料理分成兩大系統，應該是在嬰幼兒時期，就逐步帶領寶寶去融入家庭的飲食模式。

例如：今天家裡煮糙米飯、炒青菜、煎鮭魚、香菇雞湯，那麼就在食物調味前，取出要給寶寶食用的部分，少許蔬菜、魚肉搗碎，香菇雞湯加一點米飯煮碗粥，飯後水果吃小番茄，再切成手指食物大小給寶寶練習。我簡單整理了跟著大人吃的五大優點，給大家參考：

1. 高效率

過去很多媽媽為了製作副食品，一餐當中會同時準備兩套不同的餐食，寶寶一套、大人另一套，等於花了 2 倍的時間與體力在備餐，「跟著大人吃」這套方法，直接把寶寶視為家裡吃飯的成員，在備餐上更省時、更省力！

2. 更營養

按照以上案例，蔬菜、鮭魚、香菇、雞肉、糙米……，「跟著大人吃」寶寶一餐當中就攝取到 5 種來自天然食材的營養素，澱粉、優質蛋白質、膳食纖維、Omega-3 全部都有，營養均衡程度遠遠勝過單吃十倍粥、地瓜泥呢！

3. 不挑食

每個媽媽都不希望自己的寶寶挑食，除了讓寶寶從小接觸多樣化的食材、鼓勵寶寶勇於嘗試外，還有很重要的一點，那就是「做寶寶的榜樣」，寶寶的學習是透過模仿而來，大人和寶寶一起吃飯，而且什麼都吃，就是避免寶寶挑食的好手段。

4. 不過敏

「跟著大人吃」讓寶寶在副食品時期，少量多樣化、廣泛的接觸各種不同的食物，而不是單一食物吃一大碗，反而更能夠訓練寶寶的免疫系統，降低未來食物過敏的機會，所以選擇食材時，當季、新鮮即可，不需要避重就輕，只要是天然食材（除了蜂蜜），通通都可以給寶寶嘗試，網路瘋傳的副食品黑名單——蛋白、蝦子、芒果、奇異果……等，都是錯誤迷思。

5. 不浪費

「跟著大人吃」還有一個很值得推崇的優點就是不浪費食物，因為寶寶食量不大，尤其 4 ～ 6 個月這段時間，每種食物吃個幾口也就飽了，專為寶寶準備一大鍋食物，要是寶寶不愛吃，整鍋就浪費掉了；另外，大人也無需勉強寶寶進食，因為這些食物寶寶吃不下，大人吃掉也無妨。

在執行「跟著大人吃」計畫之後，就不再「刻意」為寶寶準備副食品了，反而把心思用來思考，「什麼料理是寶寶及大人可以共食，而且可以兼顧全家人健康的？」一旦進廚房，一條龍式的將寶寶和大人的餐點同時準備好，不但省去大量製備副食品的時間，用餐時間一到，寶寶和大人能夠一同上餐桌，共享營養餐食和親子時光，育兒更輕鬆愜意，不是嗎？

1-8 寶寶跟著大人吃執行前必知的五大守則

媽媽們看到這裡，或許認同「跟著大人吃」的優點，但實際執行起來，還是會有點擔心及懷疑，心中不免產生「寶寶跟著大人吃真的可行嗎？」、「好消化嗎？」、「調味會不會太重？」、「不會太油膩嗎？」、「會噎到嗎？」。

在這裡我必須先澄清，並不是鼓勵寶寶跟著大人吃重口味熱炒、炸雞、麻辣鍋⋯⋯，而是大人以身作則，選擇健康食物，並且以簡易家庭料理出發，製備出營養的副食品，因此執行寶寶「跟著大人吃」是存在幾個前提的，把握以下五大守則，才能確保寶寶吃的營養又安全喔！

// 執行「跟著大人吃」必知的五大守則 //

1. 食材必須是天然的「原型態食物」

原型態食物，也稱全食物（Whole food）指的就是未經加工、沒有過多添加物，且看得出來食物的原貌，例如：馬鈴薯是原型態食物，成分單純，且保留了大量的營養素及膳食纖維；而馬鈴薯加工而成的薯餅、洋芋片則屬於加工食品，油脂及鹽分過高，就不適合給寶寶食用。

2. 烹調方式需避免油炸

不同的料理方式，能創造出不同的口感和風味，同一種食材，以不同的料理方式來烹調，對寶寶來說是有益的，常見的清蒸、水煮，或是油煎、油炒，烤箱、氣炸鍋烹調都是可行的，唯一要避免的是高溫油炸，因為高溫不但容易破壞掉食物的營養，大量的油脂對寶寶來說也是多餘的負擔。

3. 不必替寶寶添加調味料

寶寶並不是不能吃鹽，而是一天所需要的鹽實在不多，根據 2022 年國人膳食營養素參考攝取量 DRIs 第八版，0 ～ 6 個月寶寶鈉的建議攝取量為 100 mg ／天，7 ～ 12 個月則是 320 mg ／天，大概是成人的 1/10。母奶、配方奶、天然食物本就含有鈉，因此烹調時不建議額外添加鹽、醋、醬油、番茄醬，可以在每次調味前就把寶寶要吃的食物取出，或是多嘗試一些不需要調味也好吃的料理，像是清蒸玉米、番茄濃湯。

4. 食物的質地及型態須符合寶寶發展

對寶寶來說具有危險的食物，需要極力避免，譬如一歲前不可食用的蜂蜜，或是花生、堅果等顆粒狀堅硬食物，也可以根據寶寶的發展，做出不同的料理變化；以雞蛋為例，4～6個月可以用清蒸的方式做成茶碗蒸；6～9個月可以做成嫩嫩的炒蛋，9～12個月可以改成煎蛋，不但可以變換口味，同時讓寶寶的牙口功能得到訓練。

5. 外食也要因地制宜

只要食物符合上述四原則，外食的餐點寶寶當然也可以一起食用，建議可以隨身攜帶一把食物剪刀替寶寶處理成適當的大小，如果餐點有經過調味，可以用熱水稍微燙一下，去除過多的鹽分，再給寶寶食用，第二章也有寶寶外食攻略提供媽咪們參考。

把握上述五原則，「寶寶跟著大人吃」真的不困難，更重要的是，寶寶能在副食品階段接觸到多元、豐富的飲食內容、學習餐桌禮儀、感受用餐時歡愉的氣氛，對於身體和心理健康都有很大的助益呢！

一瞑大一寸的重點筆記

- 寶寶「跟著大人吃」的前提是大人以身作責，選擇健康食物。
- 「跟著大人吃」五大守則：原型態食物、不油炸、不調味、適當質地以及外食也需要因地制宜。
- 「跟著大人吃」有助於寶寶攝取多元營養、學習餐桌禮儀，對於身體和心理健康都有很大的助益。

CHAPTER 2

養出健康寶寶的
營養知識與食物選擇

均衡飲食是茁壯成長的關鍵

- 如何養出健康寶寶？從嬰兒時期建立均衡飲食
- 嬰幼兒需要的六大類食物－全穀雜糧類
- 嬰幼兒需要的六大類食物－豆魚蛋肉類
- 嬰幼兒需要的六大類食物－乳品類
- 嬰幼兒需要的六大類食物－蔬菜類
- 嬰幼兒需要的六大類食物－水果類
- 嬰幼兒需要的六大類食物－油脂與堅果種子類
- 嬰幼兒常缺乏營養素
- 嬰幼兒飲水量建議
- 一日菜單示範
- 寶寶也能吃外食，便利商店、火鍋店、飯店自助餐的食物挑選原則
- 市售副食品挑選原則
- 這些食物，寶寶千萬不能吃！
- 米餅的挑選原則

2-1
如何養出健康寶寶？從嬰兒時期建立均衡飲食

我兒子小漢堡出生體重 2980 g，4 個月時 9 kg，一歲時已達 13 kg，是標準的「米其林寶寶」，因此每次走在路上，都有很多人跟我說：「哇！你都給他吃什麼呀？怎麼養得這麼好！」。

其實，他所吃的食物和大部分的嬰兒並沒有太大的差別，唯一一項我特別重視的大原則就是「均衡飲食」，均衡飲食雖然是老生常談，卻是生長發育、智力發展、維持標準體重、良好免疫能力的最高指導原則。

// 什麼是「均衡飲食」？ //

「胡蘿蔔對眼睛好，給小孩多吃一點！」、「喝牛奶才會長高！」這是我們經常聽到的飲食建議，雖然不能說這些既有的想法是錯的，但實際上，在營養師眼中，這些過度強調「單一食物」療效的都不算「均衡飲食」。

胡蘿蔔裡有豐富的 β-胡蘿蔔素，但眼睛發育所需要的不只這些，還需要深綠色蔬菜裡的葉黃素阻擋藍光、深海魚肉中的 DHA 維持細胞結構、紫色水果中的花青素維持微血管循環……，因此廣泛的攝取各種不同的食物，會比單吃特定食物來得好，這就是均衡飲食的好處。

營養學將食物分為六大類，分別是乳品類、水果類、蔬菜類、全穀雜糧類、豆魚蛋肉類、油脂與堅果種子類，這六大類食物在體內消化、分解成人體需要的營養素，分別為具有熱量的醣類（碳水化合物）、蛋白質、脂質，以及不具熱量但卻能提供多種生理功能的維生素、礦物質、水分來供應我們身體的需求，各類食物所提供營養素不盡相同，因次無法互相取代，例如：不愛吃蔬菜就多吃水果，這樣是不行的喔。

// 在副食品階段實踐「均衡飲食」的方法 //

寶寶的食量有限，不可能同一餐裡喝奶、吃飯、吃肉又吃水果，因此只要在一餐當中選擇 2 ～ 3 樣不同種類的食物，例如：中午的副食品吃蔬菜粥（蔬菜類＋全穀雜糧類）配蘋果泥（水果類），晚上的副食品吃玉米煎蛋（全穀雜糧類＋豆魚蛋肉類＋油脂類），再加上一天當中喝的母奶、配方奶，寶寶的一天六大類食物就都有攝取到囉！

從小讓寶寶嘗試多種類的食物，用不同的顏色、口感來提升寶寶興趣，幫助寶寶學習及享受食物，養成良好的飲食習慣，可以減少未來偏食、過胖、過瘦的機會，至於副食品階段，六大類食物該怎麼挑選、又有什麼需要注意的地方，後面的單元裡會有更詳盡的介紹！

一瞑大一寸的重點筆記

- 寶寶長得好、長得壯需要的是「均衡飲食」，而不是特定的某種食物。
- 食物不需要「很多」，而是需要「很多元」，一餐當中可挑 2 ～ 3 種不同類別的食物給寶寶吃。
- 從小養成均衡飲食的習慣，可以大大減少未來偏食、過胖、過瘦的機率。

寶寶所需要的六大類食物

六大類食物	營養素	功能
全穀雜糧類	醣類、維生素 B 群、維生素 E、礦物質、膳食纖維等	提供熱量、能量代謝、皮膚健康、有助紅血球維持正常型態、增進神經系統的健康
豆魚蛋肉類	優質蛋白質、豆類可提供鈣質、豬牛羊可提供鐵質、雞蛋及魚類海鮮可提供鋅	建構身體組織（長高、長壯）、幫助皮膚、頭髮、指甲的生長、製造免疫細胞
乳品類	優質蛋白質、乳糖、脂肪、維生素 B2、維生素 D、鈣質	有助維持於骨骼與牙齒的正常發育、維持血液正常的凝固功能、有助於肌肉與心臟的正常收縮、維持神經、肌肉的正常生理功能
蔬菜類	維生素 A、維生素 C、礦物質、鐵、植化素、膳食纖維	維持視力健康、皮膚與黏膜的健康、促進腸道蠕動、使糞便比較柔軟而易於排出
水果類	維生素 C、礦物質、植化素、膳食纖維	促進膠原蛋白的形成、幫助於傷口癒合、有助於維持細胞排列的緊密性，抵擋細菌病毒入侵、促進鐵的吸收、具抗氧化作用
油脂與堅果種子類	必須脂肪酸、維生素 E	有助於維持細胞膜的完整性、具抗氧化作用、增進皮膚與血球的健康、減少自由基的產生

2-2
嬰幼兒需要的六大類食物——全穀雜糧類

全穀雜糧類主要提供的營養素是「醣類」，也就是我們經常聽到的「碳水化合物」，醣類除了是身體主要的能量來源，也是寶寶肌肉活動、大腦及神經運作重要的營養素。

挑選全穀雜糧類食物的關鍵在於「精緻化程度」，未精製全穀根莖類中含有多種不同的維生素、礦物質和膳食纖維，能夠供應寶寶所需；而精緻化程度高的食物則會在加工的過程中流失營養，那麼就大幅降低了寶寶能夠補充營養的機會，實在非常可惜呀！

// 營養師推薦的 10 種全穀雜糧類食物清單 //

1. 糙米

米飯是大部分台灣人家庭主要的熱量來源，寶寶一起食用是最方便的！稻米可依據精緻化程度分為保留米糠層與胚芽的「糙米」、保留胚芽的「胚芽米」、只剩下胚乳的「白米」，糙米的精緻化程度最低，膳食纖維、維生素 B 群、維生素 E、鐵……等營養素含量最高；而只剩胚乳的白米雖然容易入口且好消化，但營養素流失最為嚴重，因此建議給寶寶吃米糊或粥時可以將白米與糙米混合，或單純使用糙米製作，營養更豐富。

2. 玉米

玉米富含醣類、維生素 B1、B2、鉀，是寶寶注意力發展重要的營養素；膳食纖維含量也高，可使寶寶排便順暢；除此之外，玉米還含有人體無法自行合成的葉黃素與玉米黃素，3C 產品普及年代，更需要留意補充。

3. 大麥

大麥含有豐富的膳食纖維，水溶性與非水溶性纖維兩者兼具，可軟化糞便並掃除腸道廢物，與白米相比，大麥的鐵是白米的 16 倍以上，鎂為 5 倍以上；鋅為 2 倍以上；經常以大麥作為主食，可預防寶寶營養素缺乏。

4. 小麥

小麥的主要成分是澱粉以及麥穀蛋白、醇溶蛋白，小麥的表皮是俗稱的「麩質」，含有豐富的非水溶性膳食纖維，可以幫助排便；胚芽中含有豐富維生素 E、鈣、鎂、鋅……等礦物質與膳食纖維，將小麥表皮及胚乳一同磨成粉即為「全麥麵粉」，全麥麵粉的營養含量高、質地細緻，很適合做成煎餅類的料理給寶寶食用。

5. 藜麥

藜麥是來原產於南美洲的超級食物，含有豐富的維生素 B 群、葉酸、鉀、鎂、鐵、鋅，營養價值極高，此外，藜麥具有特殊香氣及口感，除了與米飯混合煮成藜麥飯外，也能夠煮湯、製作成義式燉飯，變換不同口感。

6. 地瓜

地瓜的主要成分是澱粉等醣類，其中寡糖含量很高，寡糖是腸道中比非德氏菌的能量來源，寶寶吃地瓜有調整腸道菌相的效果，此外，地瓜也含有耐熱的維生素 C、維生素 E、β- 胡蘿蔔素、鉀、鈣、膳食纖維等營養素，營養價值高。地瓜的顏色多元，黃色和橘色地瓜的 β- 胡蘿蔔素含量高，紫色地瓜花青素含量高，各種顏色可變換食用，讓寶寶獲得多種不同的營養素。

7. 馬鈴薯

馬鈴薯最大的營養特徵在於富含維生素 C，抗氧化力強大，和地瓜一樣，馬鈴薯裡的維生素 C 被澱粉包裹，即使加熱也不易破壞；此外，馬鈴薯中還含有豐富的鉀離子與 GABA（r- 胺基丁酸），可消除壓力、幫助入睡，對於寶寶的情緒穩定很有幫助呢！

8. 南瓜

南瓜含有豐富維生素 C、E 在及 β- 胡蘿蔔素及 α- 胡蘿蔔素，上述營養素均有優異的抗氧化能力，可以對抗外來物的侵襲，β-胡蘿蔔素及 α-胡蘿蔔素在體內可轉換為維生素 A，維持皮膚與黏膜的健康並增強免疫力；南瓜籽含有豐富的鋅，也是寶寶經常缺乏的營養素之一，建議給寶寶食用南瓜時，可以連皮帶籽一起料理。

9. 紅豆

紅豆富含豐富的蛋白質、維生素 B 群、鉀、鋅、鐵等礦物質，也含有豐富的水溶性膳食纖維，能夠幫助造血、強化寶寶體力，特別適合素食寶寶，紅豆可與米飯混合製作成紅豆飯、或是製作成紅豆湯、紅豆餡當作寶寶點心也不錯！

10. 鷹嘴豆

鷹嘴豆除了含有豐富的澱粉外，蛋白質含量也高，有利於寶寶生長發育，營養素則以維生素 B6、E、鉀、葉酸較為豐富，是近年來很受歡迎的健康食物，鷹嘴豆煮熟後口感鬆軟綿密，蒸煮壓碎後，寶寶也可以輕鬆入口。

2-3 嬰幼兒需要的六大類食物——豆魚蛋肉類

豆魚蛋肉類是人體蛋白質的主要來源，身體在建構肌肉、器官、酵素、骨質、牙齒、皮膚、指甲、頭髮、血球的都是以蛋白質作為主要材料，因此，在極速發育的嬰幼兒階段，蛋白質的攝取尤其重要！

挑選豆魚蛋肉類時，選擇「原型態食物」是關鍵！什麼是原型態食物？看得出食物「原始樣貌」都屬於原型態食物的範疇，舉例來說，「豬肉」屬於原型態食物，而豬肉加入了多種添加物、調味料製作而成的「貢丸」，就屬於「加工食品」。

原型態食物保留較多營養素，身體吸收率用率高，寶寶也能夠吃出食物原始的風味，維持口味清淡；而加工食品除了營養素大幅流失外，過多的添加物及調味料容易加重寶寶口味、造成日後挑食、肥胖的風險。

// 營養師推薦的 10 種豆魚蛋肉類食物清單 //

1. 大豆、黑豆、毛豆

會把此三豆歸類在同一項，主要的原因是它們其實是同一種植物，許多人稱此三豆為「田中肉」，是由於其所含的優質蛋白質相當豐富，並不輸給肉類，除此之外，豐富鈣、鎂、卵磷脂、膳食纖維，有益寶寶的骨骼及記憶力發展，很適合作為素食寶寶的蛋白質來源。

2. 豆腐

豆腐是豆漿加入凝固劑之後的製品，其營養成分和大豆相近，一樣是寶寶良好的鈣質來源，豆腐的口感軟嫩，寶寶可輕鬆入口，嫩豆腐、板豆腐（傳統豆腐）都是不錯的選擇，而加工程度較高的百頁豆腐就不適合寶寶食用。

3. 鮭魚

鮭魚含有豐富 DHA、EPA，是寶寶視神經及大腦發育重要的營養素。根據美國國家衛生院 NIH 建議，0 ～ 12 個月嬰兒每日 Omega-3 攝取劑量為 500mg，大約小小一塊鮭魚就足以達標。除此之外，鮭魚也是少數含有維生素 D 的食物，對於日曬時間少、喝母奶、想要增強抵抗力的寶寶來說，也尤其重要。

4. 鱈魚

鱈魚同樣也含有豐富的 EPA、DHA，有利於寶寶腦部發育，此外，鱈魚油脂分布均勻，肉質細嫩好消化，不論是清蒸或乾煎都很適合作為寶寶副食品。

5. 蛤蜊

蛤蜊含有豐富鐵、鋅、維生素 B12、牛磺酸等多種營養素，可以預防感冒、提升免疫力；此外，蛤蜊本身味道鮮美，不需加調味料即可創造出好滋味，是提升寶寶食慾的優良食材。

6. 雞蛋

雞蛋擁有完整胺基酸，其中的蛋白質可被有效吸收和利用的價值，除此之外，「蛋黃」裡維生素與礦物質等營養素含量更為豐富，例如：鐵質、維生素 B12、維生素 B2、維生素 D 以及葉酸。更重要的是蛋黃中的卵磷脂是促進寶寶中樞神經和腦部的發育的重要營養素，以營養的角度來看，雞蛋的 CP 值極高。

7. 雞肉

雞肉是含有豐富的 B1、B2、鈣、鐵的優質蛋白質，可以給寶寶補充活力，雞肉的纖維較豬牛來的更短，相對來說更好咀嚼，可以視寶寶牙口功能從肉泥、雞絞肉、肉絲逐步給予。

8. 牛肉

牛肉含有豐富的鐵，且吸收率極佳，鐵是構成血紅素的重要營養素，負責氧氣的運輸。寶寶在 4 個月後，身體內儲存的鐵用盡，而母乳或配方奶中的鐵不敷寶寶的需要，因此食物來源就特別的重要。

9. 豬肉

豬肉的維生素 B1 豐富，大約是牛肉的 8 ～ 10 倍，可說是「維生素 B1 的寶庫」，維生素 B1 可將寶寶吃進體內的米飯麵食等醣類轉換為能量，供應身體所需，使寶寶有精神與體力。

10. 豬肝

屬於內臟類的豬肝含有豐富的鐵質與維生素 A，且吸收率佳，可預防寶寶貧血、幫助視力發展，豬肝泥、豬肝粥都是不錯的選擇。

2-4
嬰幼兒需要的六大類食物——蔬菜類

新鮮蔬菜含有多種不同的維生素、礦物質、植化素及膳食纖維及豐富的水分，台灣嬰兒經常缺乏的葉酸、鐵、鎂在蔬菜中也可以輕鬆取得，因此寶寶在副食品階段，就應該要養成每天吃蔬菜的習慣。

蔬菜的挑選原則是「顏色越多越好」，而烹調時須留意「營養素的保留與吸收率」。不同顏色的蔬菜代表不同的植化素，植化素是人體無法自行合成的營養素，但卻擁有抵擋外來物入侵的各項功能，像是 3C 產品的藍光，需要的深色蔬菜的葉黃素來保護視網膜，細菌病毒的入侵，需要白色蔬菜中的硫化物增強抵抗力，攝取的顏色越多，等於身上擁有的對抗武器就越完整。

蔬菜是人體重要卻經常遭遺忘的食物，從嬰兒時期培養起吃蔬菜的習慣，不但可以打造良好抵抗力、預防感冒，還能夠培養良好的消化及排便功能，更是日後預防兒童肥胖的關鍵。

// 營養師推薦的 10 種蔬菜類清單 //

1. 紅莧菜

紅莧菜營養密度高，鐵質是蔬菜中數一數二的，每 100 g 的紅莧菜（約半碗），就可以攝取到含鐵質 11.8 mg，此外，紅莧菜含鉀、鈣、鎂等礦物質也很豐富，對於寶寶骨骼發育也很有幫助！

2. 菠菜

菠菜具有抗氧化力強大的 β - 胡蘿蔔素、維生素 C ，維持視力健康的葉黃素，以及嬰兒容易缺乏的鐵、鈣、鎂，都可一次補充，菠菜質地柔軟，很好入口，相當適合初接觸副食品的寶寶。

3. 花椰菜

花椰菜內含特殊的蘿蔔硫素有對抗病毒、增強免疫力的效果，加上豐富的 β - 胡蘿蔔素、維生素 C ，使花椰菜具有高度抗氧化能力，是美國國立癌症研究所認證的「最佳防癌食物」。花朵狀的花椰菜，很好抓握，很適合作為寶寶的手指食物。

4. 胡蘿蔔

胡蘿蔔含有 β - 胡蘿蔔素、維生素 B12、葉酸等營養素，對於寶寶的視力及免疫能力都有良好的幫助。

5. 大番茄

番茄的鮮紅色來自於其特有的營養素——茄紅素，茄紅素能夠保護寶寶皮膚不受紫外線傷害、預防癌症、增強免疫力，茄紅素位於番茄強韌的細胞壁內側，打碎、加熱、加油烹調會使得茄紅素的吸收率提升 3 ～ 4 倍。

6. 青椒／彩椒

不論是青椒與彩椒都含有豐富維生素 C、維生素 E、β - 胡蘿蔔素，但與青椒相比，紅椒的維生素 E 是青椒的五倍，黃椒的維生素 C、β - 胡蘿蔔素也都比青椒還要多。市面上還有紫色、褐色等五顏六色的品種，各品種營養素略有不同，可以給寶寶多嘗試。

7. 櫛瓜

櫛瓜富含強健骨骼的維生素 K，能夠幫助骨骼吸收鈣質，對於寶寶骨骼的生長發育很有幫助。此外，也含有抗氧化力非常強大的 β - 胡蘿蔔素、維生素 C 及維生素 E，這些營養素都是脂溶性營養素，因此櫛瓜在烹調時可以加入油脂，提升營養素的吸收。

8. 蘑菇

菇類所含的營養素及活性物質有別於一般蔬菜，像是能夠活化免疫力的多醣體，具有抗癌作用，菇類的蛋白質含量較其他蔬菜類高，也含有豐富的纖維、鉀、菸鹼素，很適合素食寶寶食用。

9. 玉米筍

玉米筍是玉米的幼苗，在分類上屬於「蔬菜類」（玉米則是屬於「全穀根莖類」），玉米筍含有豐富膳食纖維、鉀、鐵、硒及維生素 B 群，以清蒸方式烹煮，可以保留水溶性營養素。此外，它的形狀也很適合當作寶寶的手指食物呢！

10. 無調味海苔

海苔是生長於海洋中的蔬菜，含有豐富的海藻膠，屬於水溶性纖維，能夠潤滑腸道、促進排便，另外也含有提升免疫力的褐藻醣膠、素食者經常缺乏的維生素 B12、人體生長發育與新陳代謝必備的碘。

2-5 嬰幼兒需要的六大類食物——乳品類

在吃副食品之前，母奶或配方奶是嬰兒唯一的營養及熱量來源，母奶或配方奶同時含有蛋白質、必需氨基酸、多元不飽和脂肪酸、乳糖、鈣質……等多種維生素及礦物質，營養密度極高，是寶寶生長發育、維持體溫、培養腸道好菌的重要角色。

進入副食品階段後，許多寶寶出現「喝奶後吃不下副食品」、「吃副食品後不想喝奶」，讓許多媽咪非常頭痛，不知道到底喝奶重要還是副食品重要？若寶寶奶量減少，會不會營養不夠？

這時候，我們得先釐清，吃副食品的目的是什麼？是為了讓寶寶在一歲以後能夠銜接正常飲食，以正常餐點為主食，奶類則交換角色成為副食，而在中間這段過渡時期，尤其是寶寶剛開始吃副食品時，食量或許不多，因此大部分的營養還是得從奶類中獲得。

該怎麼做呢？我們可以在原本餵奶的時間「優先」給寶寶嘗試副食品，不夠的量再以奶類補足，不用刻意降低奶量，以確保寶寶有足夠的熱量，等寶寶逐漸習慣副食品、食量慢慢增加後，自然就會降低喝奶的頻率，一歲之後，養成每天早晚一杯奶的習慣，就可以滿足寶寶需求。

// 營養師推薦的 5 種乳品類清單 //

1. 母乳

相信媽咪們在醫院都有看過「母乳是嬰兒最好的食物」標語，為什麼有這樣的說法呢？主要是因為母乳的營養非常符合寶寶生長所需，其中所含的蛋白質（主要為乳清蛋白）、脂肪及醣類對寶寶來說很容易消化及吸收。

母乳中含有許多具有保護特性的物質，如抗體可保護寶寶的腸胃道、避免過敏症的發生。尤其是初乳中含有高濃度的免疫球蛋白 IgA 及溶菌素等可增進寶寶免疫能力的物質，此免疫力可維持至 4 ～ 6 個月大時，使寶寶不易生病。

而母乳對於媽媽的好處在於消耗熱量，產後身材恢復較快，未來罹患乳癌及卵巢癌的機率也較低。

2. 配方奶

無法餵哺母乳的媽咪，寶寶可使用嬰兒配方奶粉。嬰兒配方奶粉也就是俗稱的嬰兒奶粉，它的成分與一般的牛奶或奶粉並不相同，它是以牛、羊的乳汁為基礎，依母乳中已知營養素的含量而加以調配的，使其成分符合嬰兒生長發育所需，因此，沒有以全母奶哺餵的媽咪也不用擔心寶寶因此而發育落後。

3. 牛乳

一般供成人飲用的牛乳，像是鮮奶、奶粉、保久乳，其蛋白質含量較高，且多為酪蛋白（Casein），對寶寶來說不容易易消化，也可能會造成寶寶腎臟負擔，因此一歲以前，不建議以牛乳取代母奶或配方奶。

如果是應用於料理，譬如說添加鮮奶的鮮奶饅頭、法國吐司中在蛋液混合一些鮮奶、玉米濃湯裡添加用來提味，如果一次大約使用 20 ～ 50 ml，因為量不多，因此寶寶食用是沒有問題的。

4. 優格及優酪乳

優格及優酪乳是牛乳加入乳酸菌經醱酵製成，乳酸菌可將牛乳中的乳糖轉換為乳酸，使牛乳中的蛋白質凝固，再將其均質化，成為濃稠液狀的飲品，由於乳酸菌的添加，同時也造成酸味，因此許多商人將優酪乳加入較多的糖、果醬、蜂蜜，以增加其適口性，這些額外添加的成分，對於嬰兒來說都不適合，因此在挑選優格及優酪乳時，選擇「無加糖」的產品。

5. 起司

起司和乳酪是以奶類為原料，將其酸化後，加入凝乳酵素讓牛乳中的酪蛋白凝結，之後再將固體的凝乳和液體的乳清分開，加鹽、塑形後進行熟成，產生各種風味、各種顏色的起司。

起司的鈣質豐富，味道香濃受寶寶喜愛，但值得注意的是，起司在加工的過程中因為有額外添加鹽分，大部分市售起司鈉含量都偏高，若想要給予一歲前的嬰兒食用，建議看一下產品營養成分，選擇無添加「食鹽」的天然起司，或是鈉含量較低的莫札瑞拉起司，會比較適合。

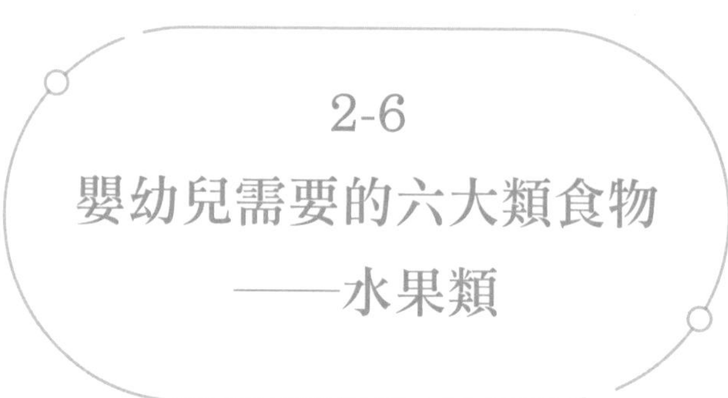

2-6 嬰幼兒需要的六大類食物——水果類

新鮮水果是寶寶維生素 C、植化素、膳食纖維的重要來源，雖然蔬菜和水果都有豐富的維生素 C，但是水果通常不會經過烹調，因此可保留大量維生素 C。維生素 C 除了能夠增強免疫力、促進膠原蛋白合成，還能夠促進鐵質的吸收，對寶寶來說尤其重要。

許多水果中的抗氧化物質多存在於果皮，例如：葡萄的花青素多存在於葡萄皮、蘋果的槲皮素存在於蘋果皮當中，因此只要質地處理得當，寶寶也可以接受，給寶寶吃帶皮水果是沒問題的。

挑選水果的原則只要「新鮮」即可，有些長輩認為——太甜的水果不要多吃，其實是錯誤的觀念，每一種水果都有不同的營養價值，口感上的甜味與實際水果中所含的醣量並不能畫上等號，需要避免的是無營養價值的果汁，以及額外添加砂糖的果醬、水果罐頭，以及添加糖、鹽的果乾。

// 營養師推薦的 10 種水果類食物清單 //

1. 蘋果

歐洲有句俗諺：「一天一蘋果，醫生遠離我」，可見蘋果的營養非常豐富！蘋果有消除疲勞的蘋果酸、抗氧化力強大的多酚類、整腸健胃的膳食纖維與果膠，平時可以將蘋果帶皮給寶寶吃，多補充膳食纖維以預防便秘；腹瀉則可以去皮吃，豐富的果膠可以吸附水分幫助排泄物成形。

2. 水梨

梨子的果肉富含膳食纖維，具有調整腸道菌叢、刺激腸壁排便的功效，水梨口感清甜，是寶寶非常喜愛的味道。

3. 香蕉

香蕉的營養成分多元，維生素 B6 能夠將蛋白質食物轉換為能量供應寶寶所需，並用於製造肌肉，同時還能穩定情緒、維持好心情；寡糖能夠增加腸道內好菌；果膠能夠潤滑腸道，幫助排便。

4. 藍莓

藍莓的深紫色是來自於特有的營養素「花青素」，花青素可以幫助睫狀肌放鬆，預防幼兒假性近視，在視覺形成影像的過程中，花青素更扮演重要角色，因此藍莓可說是視力保健的好食材。

5. 小番茄

小番茄的維生素 C 是水果中數一數二高的，每 100g 含有 43.5mg 維生素 C，是大番茄的 3 倍，一歲以下的幼兒一天建議攝取 40mg 維生素 C，大約 1/2 碗小番茄的份量就可以達標。

6. 奇異果

奇異果的營養價值高、維生素 C 豐富，能夠增強免疫力、提振寶寶精神，此外，奇異果也含有豐富的蛋白質消化酵素，能夠幫助肉類食物消化，預防便秘。

7. 木瓜

木瓜含有豐富的蛋白質分解酵素非常豐富，能夠幫助肉類食物消化；同時也含有豐富的 β-胡蘿蔔素、維生素 C，能夠增強抵抗力。

8. 火龍果

火龍果富含水溶性膳食纖維、胡蘿蔔素以及多種維生素，黑色種子則含有的鈣、鐵等礦物質，常見的火龍果有白肉及紅肉 2 種，紅肉火龍果含有大量花青素，有抗氧化效果；值得注意的是，裡頭的「甜菜紅素」，會使得寶寶尿液或糞便呈現紅色，這是正常現象，不是血尿或血便，所以別嚇到帶寶寶衝醫院啊！

9. 柑橘

柑橘富含維生素 C，能夠與防感冒、維持皮膚健康，柑橘剝除外皮後的白色橘絡及薄皮內擁有多種的多酚類化合物，有加強循環、抗過敏、消炎的效果，別把它們給丟掉啊！

10. 西瓜

西瓜有 90% 的水分，夏天時攝取西瓜，可以幫助寶寶調節體溫，紅色西瓜具有豐富茄紅素；黃色西瓜則含有豐富的 β - 胡蘿蔔素，兩個營養都很豐富，寶寶都可以吃！

2-7 嬰幼兒需要的六大類食物——油脂與堅果種子類

在製備副食品時，許多都是以清蒸、水煮為主，而忽略掉油脂類食物，甚至許多長輩認為：「寶寶不能吃太油！」，其實這個觀念不太正確！

一般來說，以均衡飲食為目標的成年人，建議的每日油脂的攝取量需占總熱量的 20 ～ 30%，而對於副食品階段的寶寶，飲食中油的比例約需要占 40%，比成年人還要多，因此在製備寶寶副食品的時候，是需要額外添加油脂的。

油脂除了本身的營養及熱量外，還能夠加強食物中脂溶性營養素 A、D、E、K 的吸收，讓寶寶營養吸收更好，體重較輕的寶寶也能夠補足熱量；此外，油脂也能夠改變食物的口感，增添香氣，讓寶寶更愛吃，若是寶寶蔬菜一吃多就容易便秘，這時候加點油潤滑腸道後就可以輕鬆解決。

油脂類食物的挑選原則在於「高品質」，選擇富含營養素的「好油」，譬如說像是各種的植物油、堅果、種子、魚肉中所含的魚油等，而高飽和脂肪的肥肉、豬油、含有大量反式脂肪的人造油……等則屬於「壞油」，從嬰兒時期就應該極力避免。

// 營養師推薦 10 種油脂與堅果種子類食物清單 //

1. 橄欖油

一直以來，橄欖油被視為健康油品的代表，是以橄欖的果實榨取而成，含有豐富的單元不飽和脂肪酸、維生素 E、多酚類等多種抗氧化營養素，這些養分，都與大腦神經傳導有關，對於寶寶大腦的理解、記憶力、協調力等都有幫助。因此，橄欖油炒菜、煎肉、沾麵包給寶寶吃都很合適。

2. 苦茶油

苦茶油的脂肪酸分佈和橄欖油相似，都是以單元不飽和脂肪酸為大宗，苦茶油味道沒有橄欖油強烈，且擁有特殊香氣，除了煎炒外，也可以做成拌飯、拌麵給寶寶吃。

3. 玄米油

玄米油是以米糠、米胚芽為原料榨取的油，美國心臟協會建議多元不飽和脂肪酸、單元不飽和脂肪酸與飽和脂肪酸攝取比例為 1：1.5：0.8，米糠油為接近該比例的一種均衡油品，發煙點約

254℃上下，不論是煎、炒、炸、烤都適用！

4. 酪梨

酪梨有「森林中的奶油」之稱，口感軟滑、香氣四溢，更重要的是，酪梨有別於其他油脂類，除了含有豐富的維生素 E，更擁有豐富 B2、葉酸、膳食纖維，直接切片給寶寶吃，或是當作吐司塗醬都不錯！

5. 黑芝麻粉

黑芝麻中的鈣、鐵含量都是堅果種子類食物中數一數二的，這些都是寶寶成長需要的營養素，可以選擇黑芝麻研磨而成的黑芝麻粉，口感更滑順，加入燕麥粥、做成烘焙點心不但能增添香氣又能補充營養。

6. 花生醬

嬰幼兒時期是大腦形成發育的最關鍵時期，卵磷脂則是促進大腦神經系統與腦容積的增長和發育必備的營養素，因此許多嬰兒奶粉中都有添加卵磷脂，而花生中卵磷脂含量也非常豐富，只不過顆粒狀的花生不適合寶寶直接食用，可以選擇無加糖和鹽的花生醬給寶寶食用。

7. 南瓜籽

所有的堅果種子當中，南瓜籽含有的鋅是較高的，每 100g 的南瓜籽含有 8mg 的鋅；此外，南瓜籽中的蛋白質品質也好、吸收度高，只不過南瓜籽質地堅硬，一定要磨碎才能給寶寶食用。

8. 核桃

核桃形狀猶如腦部，自古以來被譽為「健腦」食材，對寶寶來說，也是如此呢！核桃中含有豐富的亞麻油酸，為 Omega-3 的一員，對寶寶腦部發育有相當大的幫助，但別忘了，一樣要磨碎再給寶寶吃才安全。

9. 山粉圓

山粉圓是由山粉圓子加水熬熟而成，煮熟後的山粉圓，種子外圍呈現一圈白色半透膜，口感滑順好入口，適合副食品階段的寶寶。此外，山粉圓的營養價值也高，鈣質豐富，也含有大量的水溶性纖維，幫助潤腸通便。

10. 奇亞籽

奇亞籽是薄荷科植物芡歐鼠尾草的種子，體積小，吸水後會膨脹，並產生滑溜的口感，寶寶可直接吞食。此外，奇亞籽營養豐富，含有鈣、磷、鎂、膳食纖維……等多種營養素，適合加入燕麥粥、優格等液態食物一起食用。

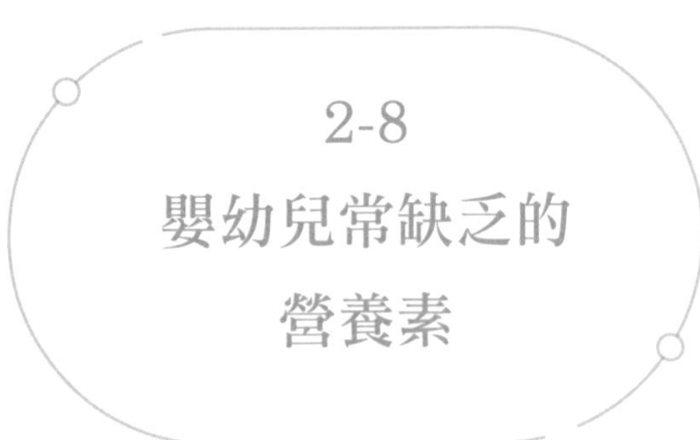

2-8 嬰幼兒常缺乏的營養素

根據 2011 年台灣嬰幼兒體位與營養狀況調查，0 ～ 12 個月嬰兒各營養素攝取量與攝取不足百分比結果，嬰兒在葉酸、鐵、鋅和鎂平均攝取量有不足的情形；除此之外，維生素 D 與鈣質也是台灣嬰幼兒經常攝取不足的營養素。以下我們就嬰幼兒常缺乏的營養素，做簡單的分析與飲食的建議。

// 維生素 D：骨骼生長與鈣質吸收的得力助手 //

在台灣，許多長輩都會嚴格下令「坐月子期間不可外出」、「寶寶未滿 6 個月不可外出」，這樣的傳統觀念導致許多媽媽及寶寶體內維生素 D 嚴重不足。

為什麼呢？因為維生素 D 是個很特別的營養素，人體獲得維生素 D 的來源有兩個，一個是曬太陽，讓皮膚自行合成；另外一個是透過食物的攝取。維生素 D 有增加小腸對於鈣質吸收的作用，可以讓吃進去的鈣質儲存到骨骼當中，促進寶寶發育與生長，算是鈣質的得力助手，缺乏時可能會造成寶寶佝僂病（Rickets）或軟骨病（Osteomalacia）。

寶寶在吃副食品之前，母乳及配方奶是唯一的營養來源；母奶中的維生素 D 含量，取決於媽媽體內是否足夠，而配方奶中大多有添加維生素 D，因此臺灣兒科醫學會建議純母乳哺育或部分母乳哺育的寶寶，從新生兒開始每天給予 400 IU 口服維生素 D；配方奶寶寶，如果每日進食少於 1,000 ml 加強維生素 D 的配方奶或奶粉，需要每天給予 400 IU 口服維生素 D。

到了寶寶開始吃副食品後，維生素 D 的來源又更多元了，可透過多元食物來補充，降低缺乏的可能。

維生素D的食物來源

食物名稱	營養素含量（每 100g）
褐色蘑菇（UV 照射）	1280 IU
黑木耳	1968 IU
舞菇	1120 IU
大比目魚	1100 IU
鰻魚	932 IU
鮭魚	880 IU
乾香菇（UV 照射）	672 IU

食物名稱	營養素含量（每 100g）
鴨肉	124 IU
雞蛋	84 IU
全脂牛乳	44 IU

// 鈣：不只骨骼牙齒需要，心臟神經也愛它 //

鈣質是建構寶寶骨骼和牙齒的重要營養素，也與凝血、神經傳導、肌肉與心臟的收縮功能有關。

一歲以前，寶寶鈣質的來源以母奶或配方奶為主，副食品為輔，但一歲過後，許多家長紛紛開始讓寶寶學習「斷奶」，於是奶的攝取量開始慢慢減少，取而代之的是各種果汁、調味乳等含糖飲料，鈣質的攝取量也隨著年齡呈現雪崩式衰落，到了國小，學童鈣質攝取不足的比例幾乎是 100%。要怎麼解決這問題呢？請記得，寶寶一歲過後，每天至少需要喝 2 杯乳製品，母奶、鮮奶、奶粉、優酪乳不拘，並多多攝取高鈣食物，才能確保鈣質足夠。

鈣的食物來源

食物名稱	營養素含量（每 100g）
小魚干	2213 mg
黑芝麻	1354 mg

食物名稱	營養素含量（每 100g）
山粉圓	1073 mg
全脂羊奶粉	1069 mg
刨絲乾酪	940 mg
全脂奶粉	912 mg
櫻花蝦	760 mg
小方豆干	685 mg
傳統豆腐	140 mg
切片乾酪	606 mg
野莧菜	336 mg
芥蘭菜	181 mg

// 鐵：讓寶寶好精神好體力，滿 4 個月後需求量大 //

鐵是負責造血、運送氧氣的重要的營養素，足夠的鐵讓寶寶有好精神與好體力，長期下來，對於成長、免疫功能、腦部及認知發展也有巨大的影響。

寶寶在 4 ～ 6 個月以前，鐵的來源是母乳或配方奶，雖然母乳及牛乳本身的鐵質含量都不高，但母乳的鐵吸收率高，而市售的配方奶多已經過改良，因此寶寶在 4 ～ 6 個月前不常發生缺鐵的問題。

但是，由於寶寶急速生長，營養需求大增，加上體內存的鐵質耗盡，因此不論是母奶還是配方奶寶寶，在 4 ～ 6 個月時都應該要補充高鐵食物，同時搭配足夠的維生素 C 促進鐵質吸收，來降低缺鐵的風險。

鐵的食物來源

食物名稱	營養素含量（每 100g）
豬血	28 mg
豬肝	10.2mg
紅莧菜	8.5 mg
文蛤	8.2 mg
山芹菜	7.8 mg
黑豆	7.3 mg
紅豆	7.1 mg
牡蠣	5.2 mg
紅鳳菜	6.0 mg
腓力牛排	3.4 mg

// 鋅：有助免疫力和抵抗力 //

鋅具有多項重要的生理功能，像是合成蛋白質和 DNA、RNA 的輔因子，也有增強免疫力、保護身體抵禦疾病效果，寶寶缺乏鋅會有傷口癒合緩慢、生長發育不良、食慾不佳、貧血、經常感冒、皮膚炎等問題。

縱使是母奶中的寶寶，雖然母奶的鋅含量高，且相對吸收率好，但媽媽多吃鋅含量高的食物，並沒有辦法直接提升母奶中的鋅濃度，因此在寶寶開始吃副食品後，不論是喝母奶還是配方奶，都應該留意鋅的補充，尤其是素食、經常腹瀉的寶寶。

鋅的食物來源

食物名稱	營養素含量（每 100g）
小麥胚芽	14.9 mg
牡蠣	10.6 mg
南瓜籽	9.4 mg
板鍵腱	7.4 mg
白芝麻	7.3 mg
全麥麵粉	2.3 mg
明蝦	2.1 mg
吻仔魚	2.0 mg
燕麥	2.0 mg
雞蛋	1.3 mg

// 葉酸：缺乏時易有食慾不振、神經發育受損 //

葉酸是許多媽咪們在懷孕期間會特別加強補充的營養素，因為葉酸掌管了胚胎初期胎兒腦部的發育，事實上，葉酸對於快速分裂的組織來說都相當重要，包括製造紅血球骨髓、腸道粘膜和皮膚等，因此嬰兒在出生之後，特別是早產兒，葉酸的攝取仍相當重要！

當嬰兒缺乏葉酸時，可能會有食慾不振、舌頭發炎、口腔潰爛、腹瀉、體重減輕、神經發育功能受損等情形。

葉酸食物來源

食物名稱	營養素含量（每 100g）
壽司海苔片	922.5 mcg
雪蓮子（鷹嘴豆）	742.1 mcg
青仁黑豆	721 mcg
雞肝	708.5 mcg
綠豆	414.6 mcg
菠菜（葉）	232.7 mcg
茴香	101.3 mcg
小白菜	96.8 mcg
茼蒿	95.1 mcg
海帶結	91.8 mcg

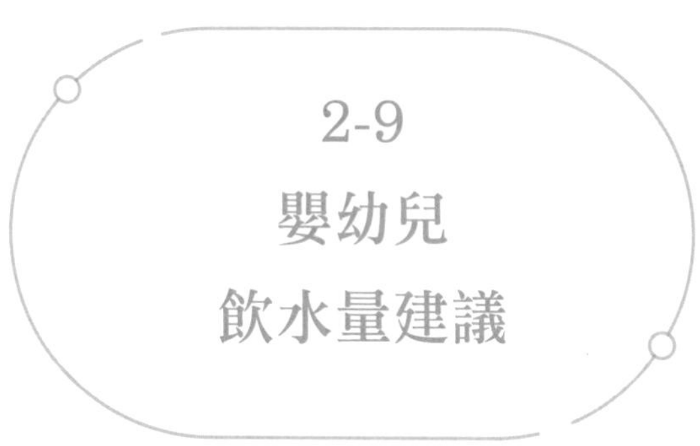

2-9 嬰幼兒飲水量建議

小漢堡剛出生時，我把他帶回娘家給家人看，我媽媽興沖沖地想要照顧小漢堡，她清點了一下設備，問我：「怎麼沒有喝水的奶瓶？」，我回答她說：「新生嬰兒不需要額外補充水分呀！」，媽媽很堅持寶寶需要喝水，隨後說了一句：「你怎麼這麼殘忍，連一口水都不給他喝，不怕他口渴嗎？」

一般人都有「多喝水，多健康」、「沒事多喝水」這樣的觀念，事實上，這句話套用在「健康的成人」上並沒有太大問題，但是對於腎臟功能尚未發育成熟的嬰兒來說，卻不全然安全。

// 嬰兒喝水分怎麼喝？//

0～6 個月

人體的腎臟就像一個污水處理廠，能夠將進入身體裡的水分過濾處理，但是初生嬰兒體內的污水處理廠效能只有成人的 1/10，若一瞬間喝下過多水分，腎臟來不及將水排出去，多餘的水分滯留在體內，可能會造成血鈉濃度太低、噁心、嘔吐、多尿或寡尿的水中毒。

一般嬰兒水分的需要量大約是每公斤 150ml(150ml/kg)，在開始吃副食品之前，主要的水分來源是母乳或配方奶，以上兩者的水分都很高，母奶中水分約占 90%，配方奶水分約占 87%、奶粉 13%，正常喝奶的狀況下，這樣的水量對寶寶來說已足夠。

這也就是為什麼醫護人員在替新手媽媽衛教時，都會提到：「新生兒除了奶水以外，不需要額外補充水分。」如果長輩很堅持要寶寶喝水怎麼辦？除非寶寶是早產兒，否則每次喝完奶後給寶寶幾口水（20ml）當作漱口是沒問題的。

6 個月（或開始吃副食品）後

寶寶開始吃副食品後，母奶或配方奶相對喝得較少，攝取的水分自然也會減少，但也不用過度擔心寶寶發生水荒，因為剛開始吃副食品的寶寶，所接觸的食物像是水果泥、食物泥、各種粥類，食物含水量也不少。

這個階段的寶寶該怎麼補充水分呢？此階段的寶寶每日需要的水量大約是每公斤 100ml(100ml/kg)，以 8kg 為例，每天需要的水量大約是 800ml，這個數字包含了奶、副食品、開水的水分，假如寶寶一天喝奶 600ml、粥吃了 150ml，那麼 800 － 600 － 150 ＝ 50ml，額外補充 50ml 的水就可以了。

為了計算方便，許多兒科醫師建議一天喝水總量「不超過」**「30ml X 寶寶體重（kg）」**就可以了。例如：體重 8kg 的寶寶，每日水量不超過 30×8 ＝ 240ml 即可；原則上，就是在每次喝完奶後，給寶寶喝點水作為口腔清潔，順便讓他習慣白開水的味道，當寶寶能夠坐穩、抓握能力也趨近純熟（約 7 個月大）時，可以幫寶寶準備一個學習水杯，讓他學著自己喝水。開水和奶的味道、質地不一樣，有些寶寶剛開始喝水時可能會因為不適應而不愛喝、不想喝，這些都是正常的。

至於還不會說話的寶寶，要怎麼樣判斷他們的喝水量是否足夠呢？可透過「代謝產物」來判斷，也就是「每日換尿布的次數」與「尿液顏色」來判斷，此階段的寶寶，若每天尿濕 6 次以上的尿布，且尿液透明無味道的話，代表喝水量是足夠的。

1 歲以上寶寶

一歲以上的寶寶腎臟功能趨於成熟，也開始學習走路，活動量大大提升，喝水的頻率可比照成人「渴了就喝、隨時補充」，但果汁、汽水、調味乳等都不可取代白開水。

// 喝水是本能，彈性補水，不必強灌 //

人體對於水分有自我平衡調節機制，會根據需求對身體發出補水訊號，只要把水瓶放在寶寶可見的範圍內，基本上，一歲以上的寶寶口渴時，會自己主動伸手拿取水瓶喝水。

唯有以下幾個情形，寶寶對於水分的需求度會提升，媽咪們可以多留意，幫寶寶增加補水量：

1. 活動量大
2. 天氣炎熱
3. 吃到較鹹的食物、加工食品（如熱狗、貢丸）。
4. 發燒
5. 感冒
6. 腹瀉
7. 便祕

相反的，如果整天待在冷氣房、天氣冷、活動量低，那麼寶寶對於水的渴望就會小一些，媽咪們可以視當天的行程，彈性的替寶寶補充水分。

嬰幼兒水分需要量建議

年齡	公斤	飲水量（ml）	備註
足月～6 個月	5	750	不需額外補充。
	6	900	
	7	1050	
	8	1200	
6～12 個月（副食品）	8	800	吃完副食品給寶寶喝幾口水口腔清潔。
	9	900	
	10	1000	
1 歲以上（每增加 1 公斤加 50ml）	10	1000	視寶寶需求彈性補充。
	11	1050	
	12	1100	
	13	1150	
	14	1200	
	15	1250	

＊水分需要量為奶、食物及開水中的水分總合。

一暝大一寸的重點筆記

- 4 個月前的寶寶，不必刻意補充水分。
- 4 個月後的寶寶，可以開始練習喝水。
- 1 歲以上的寶寶，渴了就喝、彈性補充，不可用含糖飲料替代水。

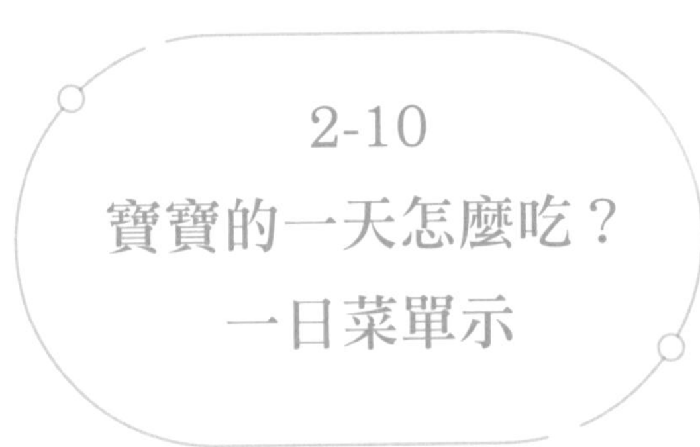

2-10 寶寶的一天怎麼吃？一日菜單示

寶寶開始吃副食品後，許多媽咪們會遇到「寶寶只願意喝奶，副食品愛吃不吃」或是「寶寶吃了副食品，奶量變好少」這樣的問題，不曉得副食品與奶孰輕孰重？會不會營養不夠？

母奶或配方奶是嬰兒階段重要的營養來源，但隨著寶寶成長發育回逐漸從「主角」退居「配角」，在這段期間，「奶量逐漸減少、副食品越吃越多」是自然現象及目標，不用急著用副食品取代奶，循序漸進即可，因為在轉換階段中，寶寶也正在適應和學習。

與其糾結於奶量與食物量，不如把目標放在「建立起規律的進食習慣」，把喝奶和吃副食品的時間定下來，按表操課，寶寶會根據自己的胃口、心情、活動量，調整每餐奶量與進食量，這麼做也有助於寶寶建立起良好的吃飯習慣！

// 一日菜單及作息示範 //

以下分別為 4 ～ 6 個月、7 ～ 9 個月、10 ～ 12 個月寶寶的一日菜單及作息示範，媽咪們可以根據自家寶寶的狀況及生理時鐘調整。

4 ～ 6 個月作息與菜單

6:00	母奶或配方奶	170 ～ 200ml
9:00	母奶或配方奶	170 ～ 200ml
12:00	副食品 1	地瓜泥 1/2 碗、菠菜泥 30ml
15:00	母奶或配方奶	170 ～ 200ml
18:00	副食品 2	玉米濃湯 1/2 碗、蘋果泥 30ml
21:00	母奶或配方奶	170 ～ 200ml
24:00	母奶或配方奶	170 ～ 200ml

＊此處玉米濃湯可參照本書食譜，非指一般市售。

7 ～ 9 個月作息與菜單

6:00	母奶或配方奶	200 ～ 250ml
9:00	母奶或配方奶	200 ～ 250ml
12:00	副食品 1	蔬菜蛋花麵線、香蕉芝麻條
15:00	母奶或配方奶	200 ～ 250ml
18:00	副食品 2	蒸地瓜、花椰菜、雞肉豆腐餅
21:00	母奶或配方奶	200 ～ 250ml

10～12個月作息與菜單

6:00	母奶或配方奶	200～250ml
9:00	副食品 1	香蕉鬆餅
12:00	副食品 2	清炒海陸筆管麵、小番茄
15:00	母奶或配方奶	200～250ml
18:00	副食品 3	香煎櫛瓜、烤鮭魚、馬鈴薯條
21:00	母奶或配方奶	200～250ml

一暝大一寸的重點筆記

- 「奶量逐漸減少、副食品越吃越多」是自然現象及目標。
- 不用急著用副食品取代奶，循序漸進即可。
- 與其糾結於奶量與食物量，不如把目標放在「建立起規律的進食習慣」。

2-11
寶寶也能吃外食，便利商店、火鍋店、飯店自助餐的食物挑選原則

「寶寶可以吃外食嗎？」在我的粉絲專頁裡，經常收到這樣的求救私訊，有這樣的疑問其實我一點也不意外！

台灣營養基金會曾針對外食族調查發現，一天三餐當中，早餐有62% 的人外食；午餐的外食頻率最高，大約占 71%；而晚餐外食比例約 49%，其中有 76% 的外食族自認他們的飲食無法符合營養需求。

以現今社會的飲食型態來說，外食已經是相當普遍的現象，許多職業婦女下班後已習慣以外食果腹，突然間多了一個寶寶，不知道該怎麼辦才好，自己煮嫌麻煩、買外食又怕寶寶吃了太鹹負擔大，陷入兩難！

// 寶寶可以吃外食，前提是必須遵守這三大原則 //

如果你剛好面臨這樣問題，那麼最佳的解決方式就是「寶寶跟著

大人吃」！看到這，可能很多媽咪覺得「這個營養師瘋了嗎？外食高油、高鹽、高熱量，寶寶吃了還得了！」

不！我沒有瘋，請聽我娓娓道來，長期吃「不健康」的外食確實存在著一定的健康風險，這個健康的風險不僅僅是存在於年幼的寶寶；對大人來說，也是一樣的。因此，寶寶跟著大人吃外食的前提是「大人也應該以身作則，選擇健康的原型態食物」，若已經習慣重口味的，也可以趁著這個機會「返璞歸真」。

寶寶吃外食時，請把握三不原則——不加工、不油炸、不調味，至於食物的選擇一樣是把握均衡原則，主食（全穀雜糧類）、蛋白質（豆魚蛋肉類、乳品類）、蔬果（蔬菜類及水果類）3 項當中各挑 2 ～ 3 種。

// 一歲以下寶寶外食指南 //

便利商店

便利商店在台灣密度非常高，可說是忙碌的爸媽最便利的選項，再加上便利商店的食物有營養標示，可以很清楚的知道寶寶把哪些東西吃進身體裡頭。

替寶寶選擇便利商店食物時，可優先選擇「未經調味的原型態食物」，像是蒸／烤地瓜、烤馬鈴薯、香蕉……等，根據我的調查，大部分的微波食品都存在「高鹽」問題，像是微波的皮蛋瘦肉粥一碗鈉含量就高達 1300mg 以上，這大概是 1 ～ 3 歲幼兒一整天鈉建議攝取量 (1300mg)；茶碗蒸一小杯鈉含量也有 593mg，也遠超越 7 ～ 12 個月幼兒一天的建議攝取量 320mg。

不過，還是要強調一下，嬰兒並不是完全不能吃鹽，而是能夠攝取的鹽非常有限，所以建議避開微波食品，這幾年來便利商店有越來越多健康取向的真空包食物，雖然有添加鹽，但是量不多，有些也是寶寶可以吃的，原則上，在購買前看一下營養標示，寶寶一餐的鈉含量以不超過 100mg 為佳。

	便利商店的食物選項
OK	主食：烤／蒸地瓜、烤馬鈴薯、吐司麵包 蛋白質：水煮蛋、無糖優格、無加糖優酪乳、無糖豆漿 蔬菜水果：玉米筍、溫沙拉（不加醬料）、奇異果、香蕉、木瓜
NG	微波粥品、茶碗蒸、溏心蛋、雞胸肉、生菜、雞湯、含糖調味乳

火鍋店

火鍋店的料理方式多數是水煮，天然食材也很多樣化，對於副食品階段的寶寶來說算是滿適合的！

火鍋湯、加工食品、醬料是鹽分的主要來源，寶寶應極力避免，最好的方式是選擇鴛鴦鍋，另一半用開水，專用這半邊煮食物給寶寶吃；沒有辦法這麼做的店家，可以選擇昆布鍋、海鮮鍋、蔬菜鍋這一類的清湯，食物一樣下鍋煮熟，但湯不用給寶寶喝，或是把食材泡在熱水裡燙一燙去除鹽分，都是可以接受的方式。

絲瓜、凍豆腐、金針菇、冬粉……這類的食材本身鈉含量不高，但是吸附湯汁能力卻非常好，而且煮越久鈉含量就越高，若要給寶寶吃，建議用清水涮過或在稀釋過的湯裡煮。

	火鍋店的食物選項
OK	主食：白飯、冬粉、寬粉、地瓜、南瓜、芋頭、玉米 蛋白質：豆腐、雞蛋、鯛魚、蛤蜊、干貝、雞腿肉、牛肉、豬肉、羊肉、鴨肉 蔬果：高麗菜、青江菜、花椰菜、胡蘿蔔
NG	魚丸、貢丸、蟳味棒、魚板、泡麵、炸豆皮

飯店自助餐

帶寶寶外出旅遊時，飯店內的自助餐是也可以找到各式各樣寶寶適合吃的食物。

在飯店自助餐挑選寶寶的食物時，記得挑選全熟的食物，避免生食及半生不熟的食物，才能減少寶寶遭寄生蟲或細菌感染的風險，例如：荷包蛋要選全熟，而不是半熟蛋；七分熟的牛排即使未調味也不建議給寶寶吃。

	飯店自助餐的食物選項
OK	主食：饅頭、法國麵包、佛卡夏麵包、白粥、地瓜稀飯、水煮玉米、蘿蔔糕 蛋白質：無糖豆漿、現燙海鮮、全熟荷包蛋、蔥蛋、優格、起司 蔬果：燙青菜（不淋肉燥）、新鮮水果
NG	半熟荷包蛋、未熟牛排、生魚片、烤鴨、煙燻火腿、燻鮭魚、果汁、生菜、冰淇淋、肉鬆

一暝大一寸的重點筆記

- 寶寶可以吃外食。
- 寶寶外食請把握三不原則——不加工、不油炸、不調味。
- 為求飲食均衡，每餐當中，全穀雜糧類、蛋白質、蔬果 3 項當中各挑 2～3 種。

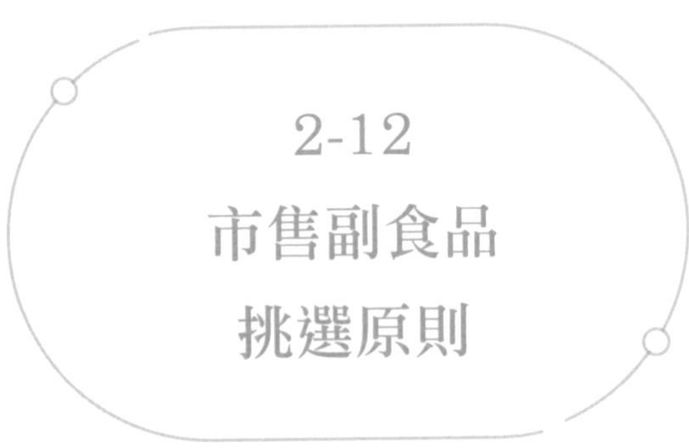

2-12 市售副食品挑選原則

我的媽媽是一個全職的家庭主婦，當我還是小孩的時候，日常飲食都是由她負責採買、烹調，記得有一次去親戚家，親戚正在用罐裝的蘋果泥餵食他們家裡寶寶，媽媽看到不禁搖頭嘆氣：「一點營養都沒有！」

真的是這樣嗎？時代變了，沒時間料理的媽咪越來越多，除了外食之外，另一個選擇就是購買包裝副食品，一次一包、加熱快速好方便，但「這些食品有營養嗎？」、「寶寶天天吃可以嗎？」，加上市面上副食品的種類越來越多，又該怎麼挑、怎麼選呢？

// 市售副食品挑選指南 //

罐裝果汁／水果泥：

將水果壓榨為水果泥的型態，再以真空方式保存，抑制細菌的生長，前面的章節有提到，新鮮水果維生素 C 含量最多，加工的過程中會有部分營養素流失，如果要給寶寶吃，建議選擇有「果泥」

而非「果汁」，至少有較多的營養素和膳食纖維被保留下來。

食物泥

通常是蔬菜泥、肉泥、米泥或是 2 ～ 3 種食物混合而成，與自製副食品冰磚一樣，都會經歷高溫烹調，冷卻後重複加熱，因此營養素有部分流失是正常現象。選擇天然食材食材製成、無調味、無添加的產品，寶寶能攝取到一定的熱量及營養素，不必過於擔心。

寶寶粥

米飯、蔬菜、豆魚蛋肉類等多元食材製成的產品，粥的質地是固定的，媽咪可根據寶寶口腔功能的發展，加水稀釋調整稠度，購買寶寶粥時盡可能選擇食材天然、口味多元、無添加物的產品，才能夠讓寶寶獲得多種不同的營養素。

寶寶燉飯、燴飯

隨著寶寶牙口功能發展，粥的質地慢慢無法滿足他們的口慾，寶寶燉飯的質地較為濃稠、米飯硬度也提升，口感上更適合一歲以上的寶寶。

寶寶麵條

市售麵條鈉含量偏高，不適合寶寶食用，這時候可選擇專為寶寶設計的寶寶麵條，挑選原則一樣是以天然、無調味、無添加為主，另外，麵條也不宜過長，否則寶寶在抓握時也會比較困難。

寶寶高湯

以雞骨、豬骨等動物骨頭，加上其他蔬菜、水果熬製而成的湯品，可以作為寶寶湯麵、寶寶粥、茶碗蒸等料理的湯底。高湯的功能在於增添食物風味、讓寶寶更愛吃，也可以省下大把熬煮時間，挑選原則一樣是要注意產品中不可添加鹽、味精、添加物，且以天然為主要原料；此外，給寶寶喝湯的同時別忘了鼓勵他們把湯裡的食物一起吃光光，熱量才足夠喔。

站在營養師的角度來看市售副食品，經處理過的食物，營養素一定會有部分流失，但不代表它們完全沒有營養，如果媽咪們真的沒有空自己做副食品，偶爾給寶寶吃包裝副食品是沒問題的！以我自己為例，大部分的時間寶寶是吃我煮的食物，但工作忙、外出旅遊時，我就直接給他吃包裝副食品，可以的話，順手幫寶寶加點料，夾點餐桌上的魚肉、挖幾匙香蕉給他搭配著吃，採取「混搭」的方式，或許也是現代忙碌媽咪的另一種選擇。

一暝大一寸的重點筆記

- 寶寶補充水果，新鮮水果優於罐裝果泥，果汁則要盡量避免。
- 市售副食品可以作為忙碌時的選擇，提供熱量及營養給寶寶。
- 包裝副食品及新鮮食材「混搭」，或許也是現代忙碌媽咪的另一種選擇。

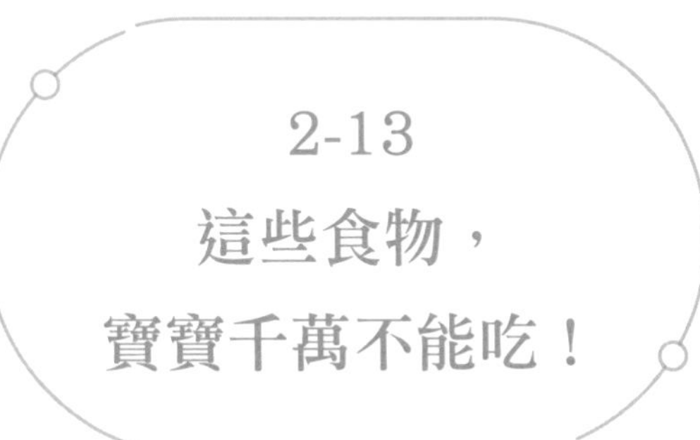

2-13 這些食物，寶寶千萬不能吃！

雖然我一直很鼓勵媽咪在寶寶一歲以前給予多樣化食材，增加營養素的豐富性，但是有一些食物，對於一歲以前的寶寶，確實存在著一定的風險，危險程度高的甚至有致命的可能，不可不慎！

// 寶寶一歲前應該要避免的食物 //

1. 蜂蜜及其製品

雖然蜂蜜來源天然，也含多種營養素，但同時含有肉毒桿菌孢子，它能在腸道內生存，並分泌肉毒桿菌素，這種神經毒素會造成嬰兒型肉毒桿菌中毒，可能的症狀有呼吸困難、肌肉無力等，嚴重可能會導致喪命，因此一歲以前的寶寶還是建議千萬別碰。除此之外，蜂蜜優格、蜂蜜蛋糕以及小饅頭餅乾，成分中同樣也含有蜂蜜，這些也不建議給一歲以下的寶寶食用。

2. 整顆的葡萄、小番茄、或帶籽的荔枝、龍眼

以營養的角度來看，寶寶吃天然水果是沒有問題的，但整顆給寶

寶吃，卻存在著噎到的風險，建議去除硬籽，切成 1/4 的大小，較為安全。

3. 堅果、爆米花

堅果、爆米花質地堅硬，即使寶寶用牙齦咬，依然無法磨碎，所以噎到的風險偏高；堅果是好的食物，如果要給寶寶吃，建議磨成「堅果粉」較適合。

4. 硬糖果

硬糖果質地堅硬，噎到的風險高，加上糖果中多含有精製糖、色素、香料……等人工添加物，長期下來，可能會造成蛀牙、肥胖、情緒躁動……等問題。

5. 果汁

2020 ～ 2025 年的美國飲食指南及美國小兒科學會不建議一歲以下寶寶喝果汁，想要補充水果中的營養，建議直接吃水果，質地較硬的水果可磨成的果泥、不濾渣，可保留較多營養素。

6. 精製糖

天然水果中的糖分，就可以滿足寶寶對甜的需求，其餘的蜂蜜、黑糖、砂糖、楓糖、代糖對寶寶來說都是多餘的負擔，因此不建議額外添加；其他像是調味乳、乳酸菌飲料等，一樣也加了大量的糖，寶寶一樣不適合。

7. 大量的鮮奶

牛乳中的酪蛋白容易在胃中產生凝乳塊，對寶寶來說消化不易，因此不建議用牛奶取代母奶或配方奶，如果是烹調時使用做成鮮奶吐司、鮮奶饅頭因為量不多，倒可以不必擔心。

8. 果乾及蜜餞

常見的果乾，如鳳梨乾、芒果乾或蜜餞等醃漬物同樣有噎到的風險，除此之外，這類的食品通常經過加工處理，營養價值低，且經常添加額外糖、鹽，對寶寶來說負擔很大。

9. 熱狗及香腸

整根的熱狗及香腸屬於噎到風險高的食物，這類的食物屬於加工食品，鹽分、油脂相當高，對寶寶來說相當不適合。

10. 含汞量高的魚

旗魚、鯊魚、鮪魚等大型深海魚，通常在海中存活 10 ～ 20 年，又是食物鏈的頂端，因此容易有有甲基汞汙染的問題。甲基汞是毒性最強的汞形態，可損害人體的神經系統，尤其是發育中的腦部，因此孕婦、幼兒應盡量少吃。

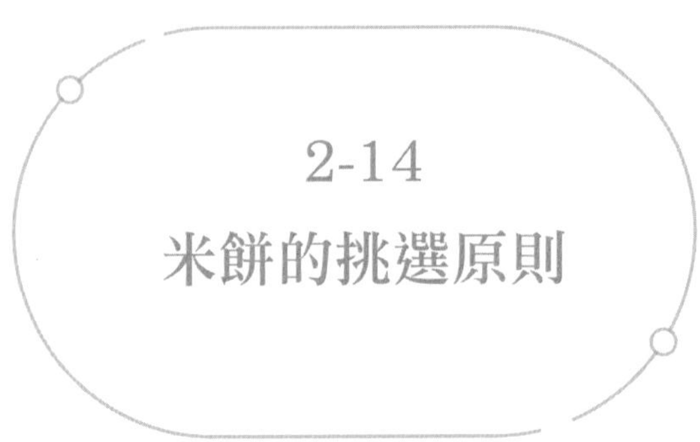

2-14 米餅的挑選原則

「嬰兒吃米餅好嗎？」這是許多媽咪心中常有的疑問，想要讓寶寶享受吃點心的樂趣，又擔心寶寶吃進不健康的成分影響健康。

// 米餅挑選原則 //

面對這個問題，我的回答一律是：「要看成分！」。

一般來說，米餅是以白米、糙米等穀類食物為主原料，在高溫環境下膨發製作而成，有時會為了增添口味變化性而加入蘋果、香蕉、花椰菜、海苔……等食材製作成不同的口味，挑選寶寶米餅時，我一定會確認 3 件事情：

1. 米餅成分是否單純：原料應來自天然食材，不添加調味料、添加物，製作方式為烘烤而非油炸。
2. 米餅型態是否符合寶寶月齡：太小的米餅寶寶抓握不易，太硬的米餅容易有噎到的風險。
3. 不影響正餐為原則：寶寶的胃不大，點心時間吃 2 ～ 3 片米餅是沒問題的，吃太多則容易影響下一次正餐的胃口。

// 市售米餅大評比 //

市面上的米餅產品相當多，最怕的就是讓寶寶吃到不適合的，加重身體負擔，以下我挑選了幾種市售米餅，帶大家一起來剖析它們的成分及型態是否適合寶寶：

片狀米餅

型態：米餅邊緣圓潤無尖角，厚實大片寶寶好抓取，入口後會逐漸軟化，寶寶好吞嚥。

適合月齡：6 個月以上

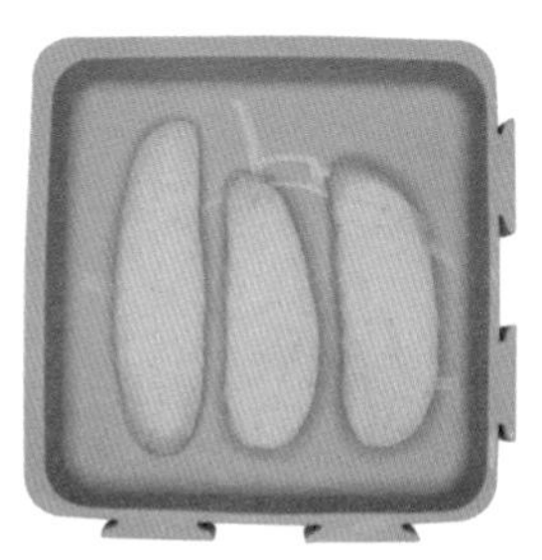

圈狀、顆粒狀米餅

型態：小圈圈或爆米花形狀，入口後會逐漸軟化，一開始寶寶會以整個手掌抓取，大約 7 ～ 9 個月會發展出手指捏住的方式，將米餅放入口中。

適合月齡：6 個月以上

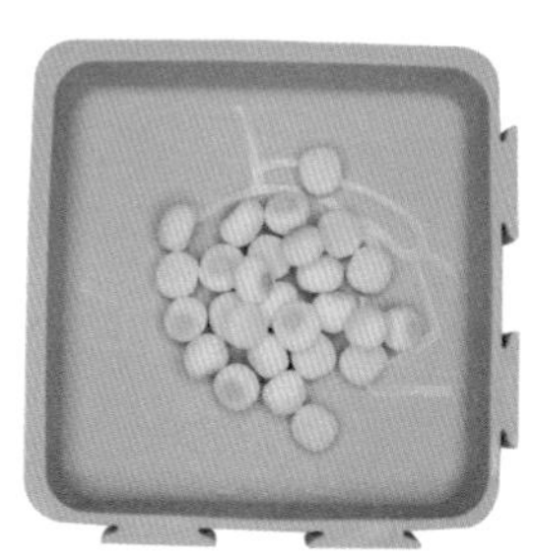

棒狀米餅

型態：較片狀米餅來得較扎實一些，外形如長棍，寶寶可以輕易拿在手上啃咬。

適合月齡：8 個月以上

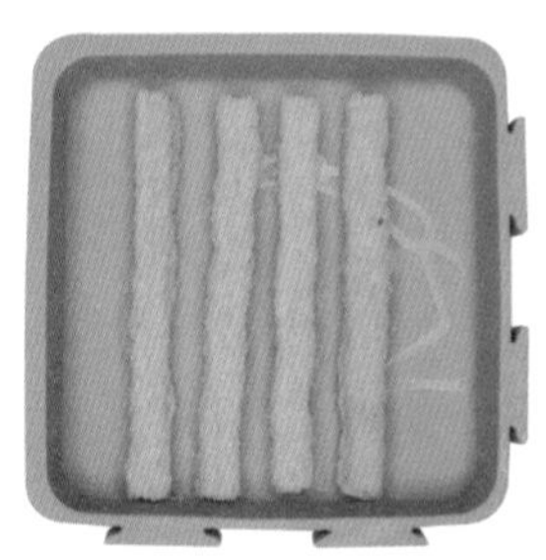

磨牙米餅

型態：口感更扎實、硬度比上述 3 種高一些，可滿足長牙階段寶寶的啃咬需求。

適合月齡：10 個月以上

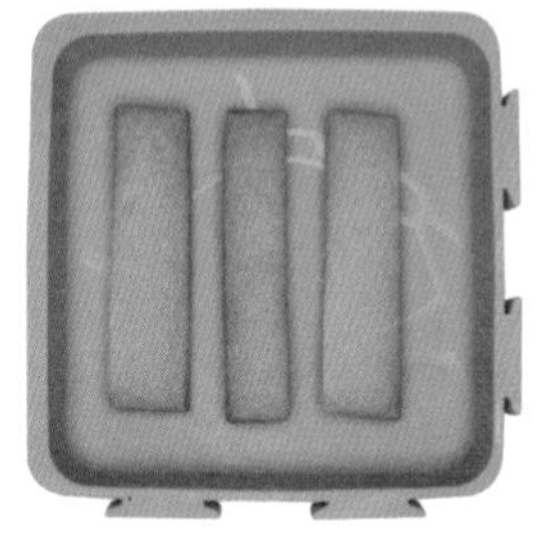

椒鹽、糖霜米餅

型態：表面有胡椒粉、糖霜……等多種調味料，容易使寶寶攝取到過多的鹽分及糖分。

適合月齡：不適合一歲以下寶寶食用；即使一歲以上，也不宜多吃

總結來說，我認為如果米餅的成分、型態皆符合標準，媽咪也能堅守「米餅是正餐以外的食物」，我認為適時的給寶寶吃一些是無傷大雅的，甚至寶寶在吃米餅的過程中，手的觸摸、抓取及放入口中的過程，對於寶寶來說都是一種新奇的體驗，更是自主進食的訓練之一呢！

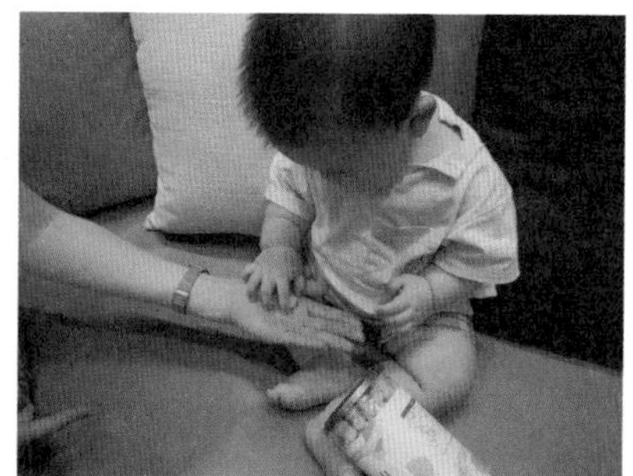

一暝大一寸的重點筆記

- 寶寶是否可以吃米餅「要看成分！」。
- 原料天然、型態適宜、不影響正餐是給寶寶吃米餅三大原則。
- 米餅可作為手指食物及自主進食的訓練。

CHAPTER 3

寶寶副食品
實戰篇

選對「小幫手」可以減少許多麻煩

- 副食品工具介紹

（食物調理機、攪拌棒、刨絲器、食物剪刀）

- 副食品的烹調方式

（清蒸、水煮、氣炸、烤箱）

- 嬰幼兒餐具挑選原則
- 嬰幼兒餐椅、圍兜兜的挑選
- 手指食物圖鑑
- 寶寶一天可以吃多少鹽？多大才能吃調味料呢？

3-1 副食品工具介紹

了解副食品時期的營養觀念，接下來就要實際來製作副食品啦！記得開始要做副食品的時候，我上網打了關鍵字「副食品調理機」，搜尋出來的結果，從百元到萬元的機器都有，讓人眼花繚亂，不知該從何選起，但仔細研究之後發現，功能強大的豪華家電，不見得通通都用得到；而陽春的廚房工具，其實也有它的基本功能。

// 常見的副食品處理工具 //

食物處理／調理機

市面上常見的食物調理機有 2 種，一種是只能單純「處理」食物的機器，可將食物磨泥、打碎、攪拌、切碎、刨絲……，在製作肉泥、果泥、蔬菜丁時，可以省下大量前處理的時間；而另一種除了「處理」之外是兼具「料理」功能，在食物處理完畢後，可以直接加熱將食物煮熟，適合用來製作熱的米糊、豆漿、濃湯，或是冰的果昔、冰沙。

食物調理棒／料理棒／攪拌棒

棒狀的食物處理設備，和食物處理機一樣，可以變換不同的刀頭將食物處理成泥狀、丁狀、片狀，可用來製作食物泥或作為食物的處理設備。此外，搭配專屬容器，在處理小份量食物時非常方便，可以直接將煮熟的食物攪打均勻。

刨絲器

需要使用勞力的食物處理工具，兼具切片、切絲、磨泥、削皮等功能，體積小、不佔空間、價格便宜，適合製作小份量果泥，或是將堅硬的根莖類如胡蘿蔔、馬鈴薯切成寶寶好入口的大小。

菜刀

當手邊沒有上述工具，就善用家裡的菜刀吧！菜刀處理食物，自由又多變，可以切丁、切片、切成條狀，更能雕刻成可愛的形狀，吸引寶寶目光，只不過耗費的時間和體力會比較多，如果媽咪能夠樂在其中，那當然沒問題！使用菜刀時要注意，處理生食和熟食的菜刀與砧板必須分兩套，才不會造成交叉感染的危險。

食物剪刀

在外頭用餐，攜帶一把食物剪刀會讓你如有神助，大片的菜葉、大塊的魚肉、過長的麵條都可以依照寶寶的發展狀況，剪切成適當的大小，讓寶寶也一起享受吃外食的樂趣，剪刀建議選擇可拆解的款式，才能在使用後徹底清潔。

副食品時期是一個過渡階段，寶寶進食的食物質地也會隨著月齡發展越來越趨近於固態，等到寶寶滿一歲後牙齒逐漸長齊，咀嚼能力又會再大躍進，到時候就不再需要繁雜的食物處理程序。

因此有沒有必要在這個階段花大錢買一台專門製作副食品的機器呢？我認為如果媽咪本來就喜歡料理、平常也有開伙的習慣，那麼投資一台好用的機器，即使未來脫離副食品階段，仍可以持續使用，讓你的育兒之路更輕鬆；如果本身沒有料理的習慣，過了副食品階段將機器束之高閣，那就太不划算啦！

一暝大一寸的重點筆記

- 4～6 個月的寶寶，使用食物調理機、攪拌棒將食物打碎、磨泥。
- 7～9 個月的寶寶，使用刨絲器，將食物刨絲、切薄片，或用菜刀將食物切成好抓握的條狀。
- 10～12 個月的寶寶，使用菜刀、剪刀將食物切成條狀、片狀、小丁狀及寶寶好入口的各種大小。

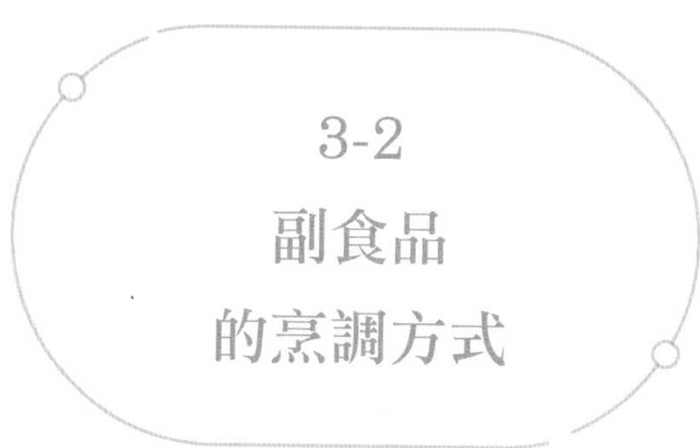

3-2 副食品的烹調方式

寶寶的副食品除了清蒸、水煮外，還有其他的烹調方式嗎？答案是：「有的！」前面的章節有提到，寶寶的成長發育需要油脂的幫忙，如果千篇一律都是清蒸水煮，久而久之，除了寶寶容易吃膩以外，便祕、營養素缺乏都是有可能發生的！

不同的烹飪方式，除了直接影響食物的口感，也關係著營養素保留的程度，因此當我們應用不同的烹調方式製作寶寶副食品的時候，也有許多小細節要同時留意！

// 以下是副食品的烹調方式及注意事項：//

清蒸

通過水蒸氣蒸熟的食物，加熱溫度約 100℃，較大程度地保留了食物原有的風味和營養成分，葉菜類大約蒸煮 3 ～ 5 分鐘就熟了，但是根莖類蔬菜、魚肉、蛋大約需要 15 ～ 20 分鐘。

水煮

和清蒸方式一樣加熱溫度約100℃，對於食物的營養素破壞較低，但隨著水煮的時間增加，蔬菜中的水溶性營養素流失也會越嚴重，建議煮到「熟了」就取出，較不會造成營養素大幅流失。

燉煮

以燉煮方式加熱時，可保留食物中的水分，肉類也可以在小火慢燉中逐漸煮熟、煮透至軟化，只要不加調味料，湯汁與食材都可以一併給寶寶食用，例如：玉米排骨湯、蘿蔔雞湯、番茄蔬菜湯等，是利用此方式增加湯頭風味。

煎、炒

煎炒是一般家庭最常用的烹調方法，蔬菜與油脂一起加熱烹調，有助於寶寶吸收其中的脂溶性營養素，值得留意的是，許多人習慣等到鍋子「夠熱」，才把食物下鍋，如果已經發現鍋子冒油煙，代表油脂加熱溫度已超過發煙點，開始產生劣變，不論是吃進食物的寶寶，還是吸入油煙的媽媽，對身體健康都有危害的。

氣炸、烤箱

氣炸與烤箱方式加熱，可產生特殊香氣及酥脆的口感，增添寶寶食慾。氣炸及烤箱的烹調方式用油量不需要太多，比傳統油炸的方式來得健康，適合製作氣炸（烤）地瓜條、馬鈴薯條給寶寶當作手指食物。要注意的是，氣炸與烤箱的溫度過高，一樣會產生有害物質，建議蔬菜或根莖類不超過 130℃，魚肉等蛋白質食物不建議超過 180℃為佳。

微波

「微波」是利用食物中水分子的轉動與摩擦而產生熱能，使食物得以在短時間內加熱煮熟，例如微波馬鈴薯，當食物要復熱時，也可應用微波的方式加熱，不過要注意受熱均勻度，像是冰磚做成的食物泥，就建議先放在冰箱解凍後，再用微波加熱，才不會造成外熱內冷的狀況。

一暝大一寸的重點筆記

- 除了清蒸、水煮之外，煎、炒、烤、氣炸都是可行的方式。
- 煎炒時要注意加熱溫度，避免在冒油煙的狀況下烹調食物。
- 使用氣炸鍋、烤箱時蔬菜及根莖類不宜超過 130℃，魚肉等蛋白質不宜超過 180℃為佳。

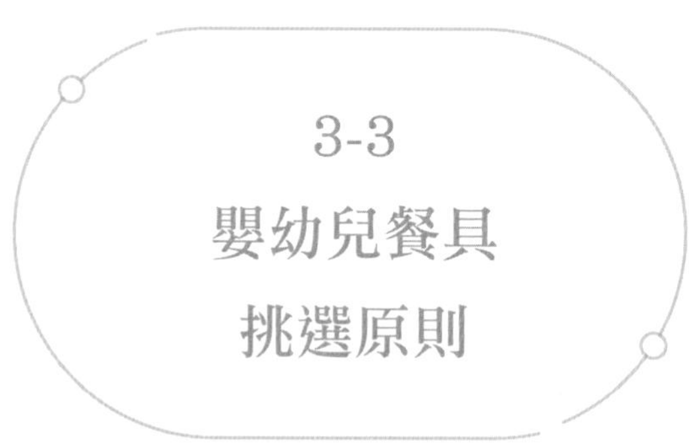

3-3 嬰幼兒餐具挑選原則

寶寶開始吃副食品了，用大人的餐具裝食物可以嗎？以食品安全的角度來看，只要餐具及器皿妥善消毒，那當然是沒有問題；但別忘了，吃副食品對於寶寶來說是一項新技能，俗話說「工欲善其事，必先利其器」，大人的餐具終究是以大人的使用習慣所設計的，以湯匙來說，尺寸及材質可能不那麼適合幼小的寶寶，咬下去的觸感也不那麼舒服，因此，還是會建議幫寶寶準備一套專屬的工具，為他們建立起吃飯的儀式感吧！

// 嬰幼兒餐具可以從以下四點作為挑選時的依據 //

1. 材質

目前市面上兒童餐具多以食品矽膠、塑膠、不銹鋼、竹纖維這幾種為主流，以下是兒童餐具材質的介紹：

· 食品矽膠：

外觀像塑膠，但跟塑膠是兩種完全不同的材質，矽膠來自於天然礦物二氧化矽，無毒、無味、穩定性高，耐熱溫度達 220℃，盛裝熱食相對安全，直接進入電鍋、烤箱、微波爐中加熱也是沒問題的。

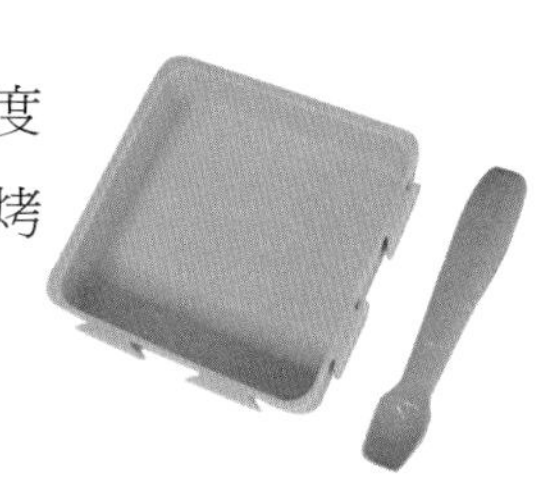

·塑膠：

主要是由有機化合物聚合而成，不同材質耐熱程度不同，通常刀、叉、湯匙、筷子等餐具是使用聚丙烯（PP）及美耐皿，耐熱溫度約 110～130℃，高溫下有害物質容易釋放，因此不建議長期使用。

·不銹鋼：

耐熱溫度最高，盛裝熱食相對安全，但挑選時仍須看清產品標章是否明確標出詳細的鋼材編號，並挑選有 SGS 檢驗證明，若使用不合規定的材質，還是會在接觸熱食或加熱瞬間釋放出有毒物質。

·竹纖維：

以竹纖維粉為主要材質，混以其他植物澱粉、玉米澱粉、乳膠等成分始餐具成型，竹纖維在自然環境中可自行分解，耐受熱溫度不高，但是對地球友善的環保材質。

兒童餐具材質與耐熱度參考表

	食品級矽膠	塑膠	不銹鋼	竹纖維
耐受溫度	-40 ～ 220℃	110 ～ 130℃	870℃	-20 ～ 80℃
成分	矽酸	聚丙烯	鉻、鎳、錳	竹纖維粉
微波加熱	O	X	X	X
電鍋加熱	O	X	O	X
蒸氣消毒	O	X	O	X
紫外線消毒	X	X	O	O
烘碗機	O	X	O	X
注意事項	盛裝深色食物後需立即清洗，否則容易有顏色沾染問題。	高溫下有害物質容易釋放，不可微波、加熱、烘烤。	金屬導熱性高，盛裝熱湯時要注意安全。	使用完畢後需立即清洗晾乾，否則容易滋生霉菌。

（上表為常見材質整理比較，實際使用方式建議以所購買的產品標示為主。）

2. 顏色及圖案

顏色過度鮮豔、印有卡通圖案的餐具雖然吸睛，但隨著使用時間增加，含鉛的圖案漆摩擦剝落，有可能會隨著食物一起進到寶寶肚子，因此不建議選用。

3. 外觀設計

剛開始學習進食的寶寶，用小手揮舞拍打、玩餐具都是正常現象，餐具的外觀設計攸關寶寶使用時的安全，選擇無銳利尖角、圓弧狀的餐具，可以避免寶寶在進食過程中發生危險。另外，目前也有許多防滑、有吸盤的碗盤，也可以降低寶寶打翻的機會。

4. 人體工學

湯匙、叉子、杯子的抓握弧度，需符合寶寶的人體工學，建議選擇專為幼兒設計，而非成人餐具，因為好抓握、好使用的工具，可以讓寶寶操作起來更輕鬆，進而增加寶寶對進食、喝水的信心和興趣，學習效果也會大大提升呢！

不論選擇那一種材質的餐具，都別忘了，餐具是消耗品，一旦出現裂痕、刮痕、無法清潔的頑垢，建議汰舊換新，才能確保寶寶的衛生安全。

一瞑大一寸的重點筆記

- 建議幫寶寶準備一套專屬的餐具，而非使用大人的。
- 不同材質的餐具，耐受溫度及使用範圍皆不同，使用前要看清楚。
- 一旦出現裂痕、刮痕、無法清潔的頑垢，建議汰舊換新。

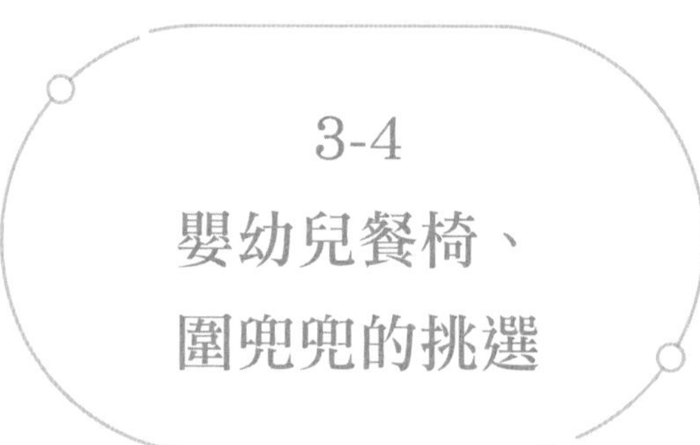

3-4 嬰幼兒餐椅、圍兜兜的挑選

4～6月剛開始吃副食品的寶寶，仍處於坐不穩的狀態，如果吃飯時東倒西歪，除了增加餵食的困難度外，也容易造成寶寶噎到、燙到的機會，因此，替寶寶準備一張合適的餐椅是必要的。

// 挑選餐椅時要注意的重點 //

1. 可清潔

剛開始學習進食的寶寶，把桌面、椅子、地上、全身上下弄的亂七八糟是常有的事情，為了衛生與整潔，挑選餐椅時，務必選擇「好清潔」的，例如有可拆卸的桌面或坐椅墊防水（或可水洗）才能避免食物沾黏、滋生細菌。

2. 可調整

幼兒時期成長速度極快，不論是餐椅的高度或是餐桌與寶寶身體的間距都建議選擇可調整的，才能確保成長中的寶寶用餐時的舒適；除此之外，也需考量寶寶腳掌是否能確實貼合腳踏板，讓寶寶吃飯時身體更加穩定，嗆到時也可以用自身力量將食物咳出。

3. 可固定

餐椅上需附加安全帶或是有可固定寶寶的措施，避免寶寶在吃飯時，突然站立起來，發生跌倒的危險。

// 常見餐椅類型 //

幫寶椅

一體成型的幫寶椅觸感柔軟、與身體貼合度高，可以穩穩的固定還坐不穩的寶寶，表面材質防水性佳，即使有食物污漬沾黏，也可以輕易擦拭乾淨。缺點是高度較低且無法調整，餵食者須配合寶寶高度。此外，當寶寶長胖、長高時可能就沒辦法繼續使用。

攜帶式／折疊式餐椅

摺疊式的設計，打開後可直接當作寶寶餐椅，或安裝於大人椅子之上，機動性高，方便外出攜帶，放在家中較不佔空間。在購買前建議讓寶寶試坐看看，確認骨架的穩固度以及是否有夾手問題，以免發生跌倒或受傷的危險。

高腳餐椅

高腳餐椅高度與餐桌差不多，可讓寶寶的視線約與大人同高，對大人來說，在餵食與照顧上更加便利，對寶寶來說，因為可以見到大人吃飯的樣子，也讓他們更輕易的模仿、學習大人吃飯，增加他們對於用餐的參與度。缺點是體積較大，因結構結實而有一定的重量，因此建議選擇可調整式的款式，才可以增加使用年限。

寶寶在學習吃飯的過程中也容易把全身上下弄得髒兮兮，這時候，幫寶寶穿上好清潔的圍兜兜，也可以省去很多麻煩喔！

// 常見圍兜兜類型 //

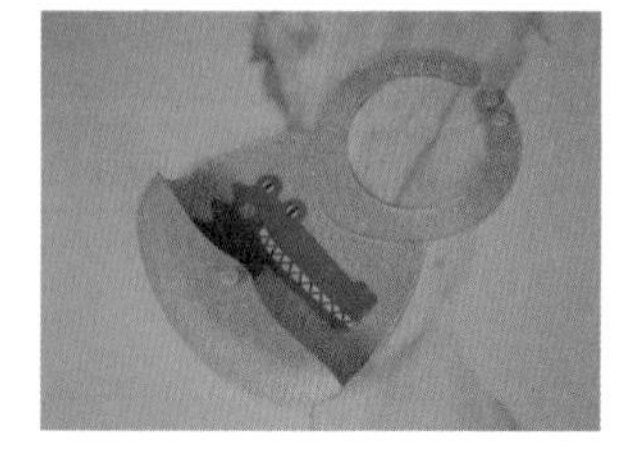

矽膠圍兜兜

矽膠材質，可防止滑落的食物弄髒衣服，通常有口袋設計，可以盛接寶寶不小心掉落的食物。當寶寶開始吃泥狀食物或手指食物時就可以開始穿，清潔步驟與一般餐具相同。

防水長袖圍兜

如同反穿外套的方式整件穿在寶寶身上，覆蓋面積大，如同雨衣般有防潑水設計，可阻隔食物及湯汁沾黏，適合 BLW、喜愛玩食物、練習喝湯的寶寶。

拋棄式圍兜兜

由紙漿或不織布製成，僅供一次性使用即需丟棄，適合外出旅行、不方便清洗時使用。

俗話說：「工欲善其事，必先利其器」，當寶寶準備開始吃副食品前，把餐椅、圍兜兜準備好，大幅減少兵荒馬亂的情形。

一暝大一寸的重點筆記

- 挑選餐椅的三大重點：可清潔、可調整、可固定。
- 寶寶腳掌確實貼合腳踏板，讓使身體更加穩定，嗆到時也可以用自身力量將食物咳出。
- 有口袋設計的矽膠圍兜兜，可以盛接寶寶不小心掉落的食物；防水長袖圍兜覆蓋面積大，可完全阻隔食物及湯汁沾黏。

3-5
寶寶一天可以吃多少鹽？多大才能吃調味料呢？

多年前有一則「妯娌失和，鹽奶殺嬰」的社會新聞轟動全台，狠心的伯母讓 3 個月大的女嬰喝下摻有大量鹽巴的奶粉，使她在短時間內因「外源性高血鈉症」不幸死亡。

這一則新聞足以說明，過多的鹽分會對寶寶造成致命的危險，但是在正常調味的前提下，寶寶難道完全不能吃鹽嗎？

新聞中的寶寶之所以發生不幸，主要的原因是因為食鹽中的「鈉離子」過多，鈉離子是維持體內電解質平衡重要的元素，並非有害物質，但由於嬰兒的腎臟發育尚未成熟，攝入過多，確實會造成不良後果。那麼寶寶一天可以吃多少鹽？

根據 2022 年國人膳食營養素參考攝取量 DRIs 第八版，嬰幼兒及成人一天建議鈉攝取量如右頁附表：

由此表可知，嬰兒不是完全不能吃鈉，而是需要的量並不多，再加上母奶、配方奶以及天然食物當中，本就存在鈉離子，每100ml 的母乳約含 17mg 的鈉（配方奶則依不同廠牌而有所差異），若是每天喝 600ml 母奶或配方奶，寶寶就可以攝取到 102mg 的鈉，對於 6 個月前的寶寶來說，已非常足夠，因此一歲前不鼓勵在副食品中額外添加鹽。

嬰幼兒及成人每日鈉攝取量建議

年齡	鈉建議攝取量	備註
0～6 個月	100 mg/ 天	不建議額外添加調味料。
7～12 個月	320 mg/ 天	
1～3 歲	1300 mg/ 天	一天不超過約 3g 鹽
4～6 歲	1700 mg/ 天	一天不超過約 4g 鹽
7～9 歲	2000 mg/ 天	一天不超過約 5g 鹽
10 歲以上以及成人	2300 mg/ 天	一天不超過約 6g 鹽

// 不僅僅食鹽，這些調味料也含有高鈉！ //

除了食鹽以外，其他的調味料，像是醬油、烏醋、番茄醬等，或醃漬物、加工肉品、煙燻食品、罐頭、麵線、肉鬆等食品也都含有大量鈉離子，一歲前的寶寶都不建議食用。

一歲以上的寶寶，雖然腎臟功能比嬰兒時期成熟，但仍不及成年人，因此烹調方式建議以「少鹽、清淡」為主，上述高鈉加工食品仍盡量避免是最好。

鹽 1g(400mg 鈉)= 醬油 6ml(1.2 茶匙)= 味精 3g(1 茶匙) = 烏醋 5ml (1 茶匙)= 番茄醬 12ml (2.5 茶匙)

// 不調味，也能做出美味副食品！//

選擇原型態食物

選擇新鮮原型態食物，像是：地瓜、番茄、洋蔥……等本身就具有甜味、酸味、鮮味的食物，並以蒸、煮、烤、燉等方式烹調，讓寶寶品嘗食物的原汁原味。

利用天然食材提味

使用蔥、薑、蒜、韭菜、香菜等具有特殊風味的蔬菜，來增添料理的香氣和味道。

以天然食材熬煮湯品

多以玉米、白蘿蔔、香菇、排骨、魚骨等天然食材熬煮的湯頭，即使不加調味料，湯頭依然非常鮮甜。

// 購買寶寶食品時，需留意營養標示 //

除了副食品的製備外，在購買寶寶食品時，像是寶寶粥、米餅、零食時，也要留意鈉含量，避免誤踩地雷，該如何判斷呢？可以從以下 3 點作為依據：

1. **產品名稱：**醬燒、薄鹽……等代表已添加調味料，不適合寶寶。
2. **成分：**確認是否由天然食材製成、是否有添加調味料。
3. **營養標示：**鈉含量越低越好，以 7 ～ 12 個月嬰兒一天吃 2 ～ 3 餐副食品為例，每餐食物鈉含量以不超過 100mg 為限。

寶寶一天能夠攝取的鈉不多，準備副食品、購買食品時需要多多留意。一歲後，雖然鈉的攝取量沒那麼嚴苛，但還是建議少鹽、少吃加工食品，因為人的口味只會越來越重，小小年紀吃了重口味就「回不去了」！

一暝大一寸的重點筆記

- 嬰兒不是完全不能吃鈉，而是需要的量並不多，因此一歲前不建議在副食品中額外添加鹽。
- 除了食鹽以外，醬油、烏醋、番茄醬、醃漬物、加工肉品、煙燻食品、罐頭、麵線、肉鬆……等，一歲前的寶寶都不建議食用。
- 選擇原型態食物、利用天然食材提味、以天然食材熬煮湯品，不調味也可以很美味！

手指食物圖鑑

馬鈴薯

6~9MONTHS

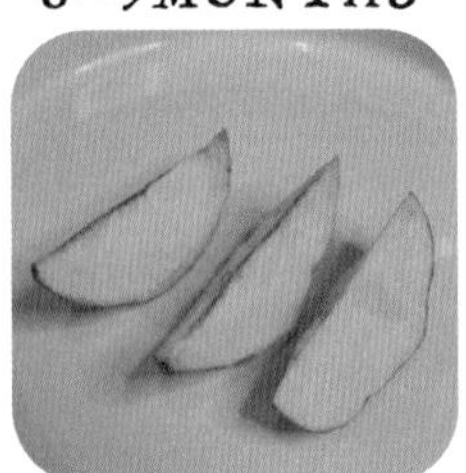

薯條

9~12MONTHS

薯片

玉米

6~9MONTHS

3 ~ 4 等分

9~12MONTHS

玉米粒

吐司

6~9MONTHS

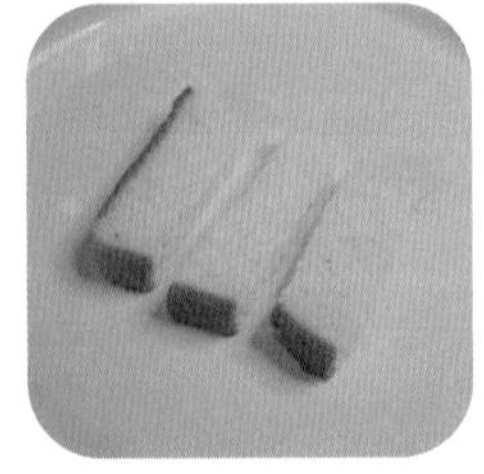

吐司條

9~12MONTHS

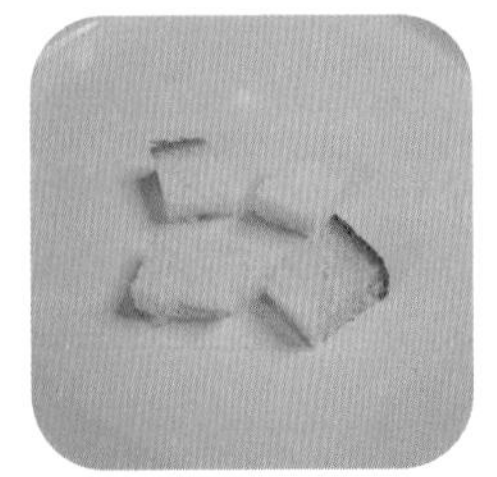

方塊

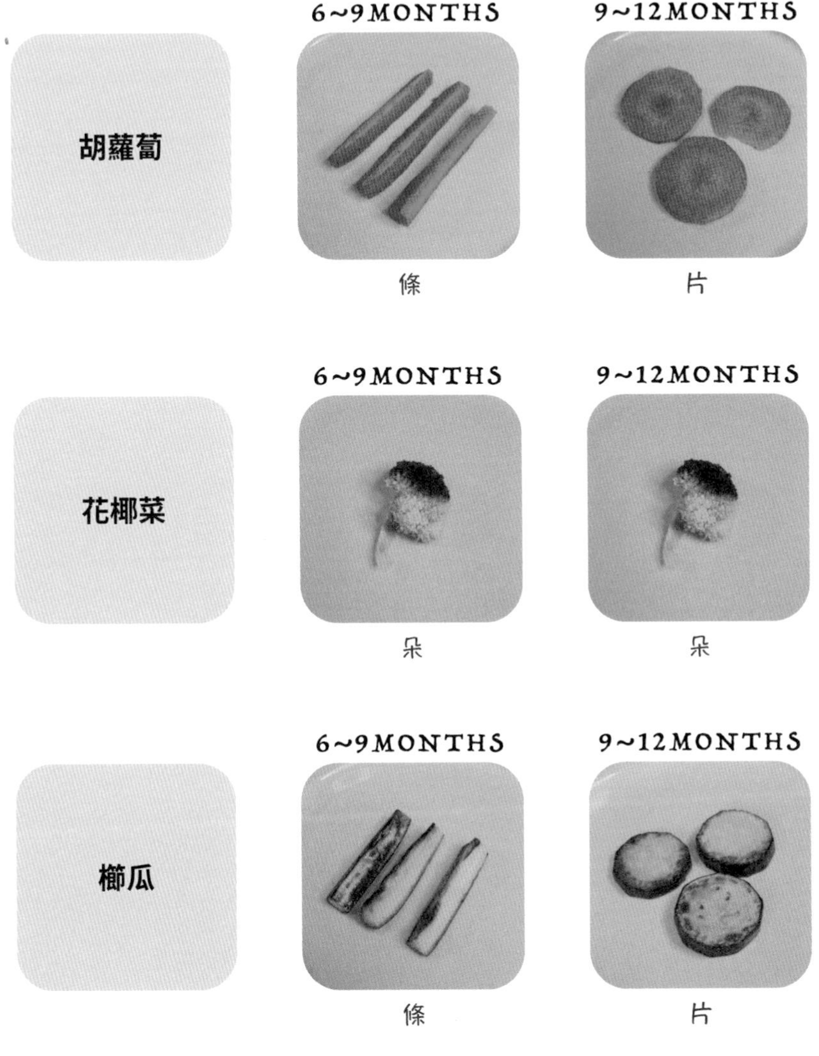

6~9MONTHS
9~12MONTHS
胡蘿蔔
條
片
6~9MONTHS
9~12MONTHS
花椰菜
朵
朵
6~9MONTHS
9~12MONTHS
櫛瓜
條
片

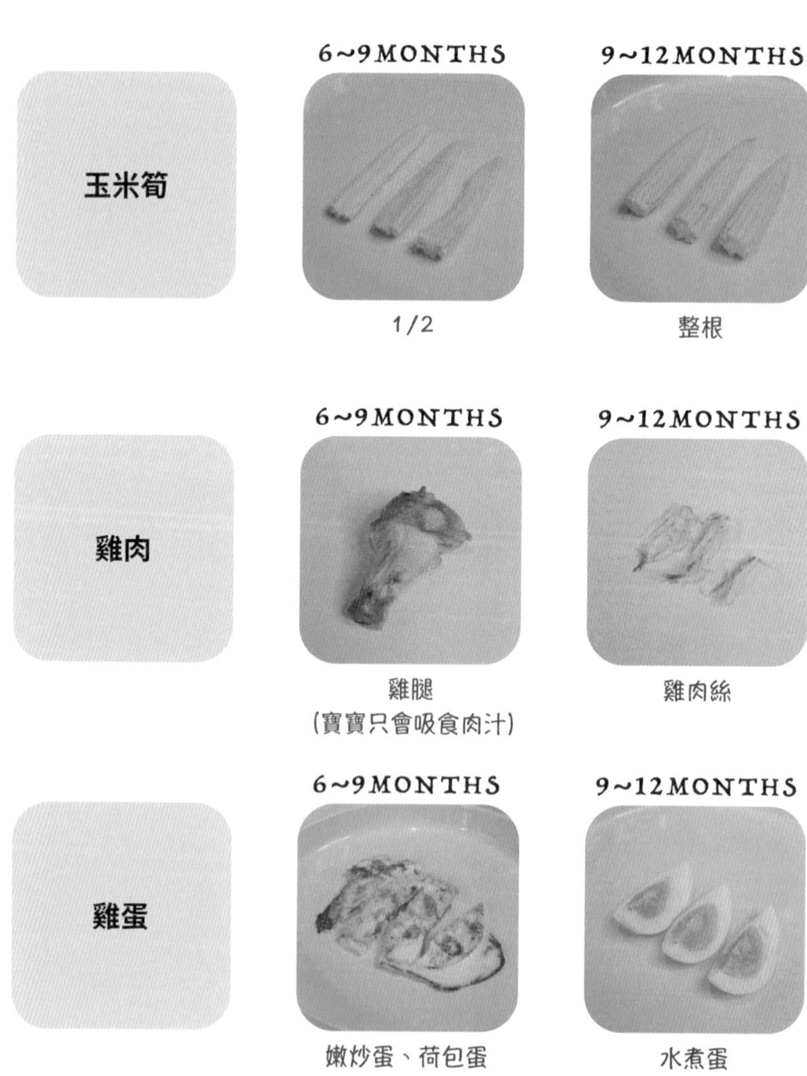
玉米筍
6~9MONTHS
9~12MONTHS
1/2
整根
雞肉
6~9MONTHS
9~12MONTHS
雞腿
(寶寶只會吸食肉汁)
雞肉絲
雞蛋
6~9MONTHS
9~12MONTHS
嫩炒蛋、荷包蛋
水煮蛋

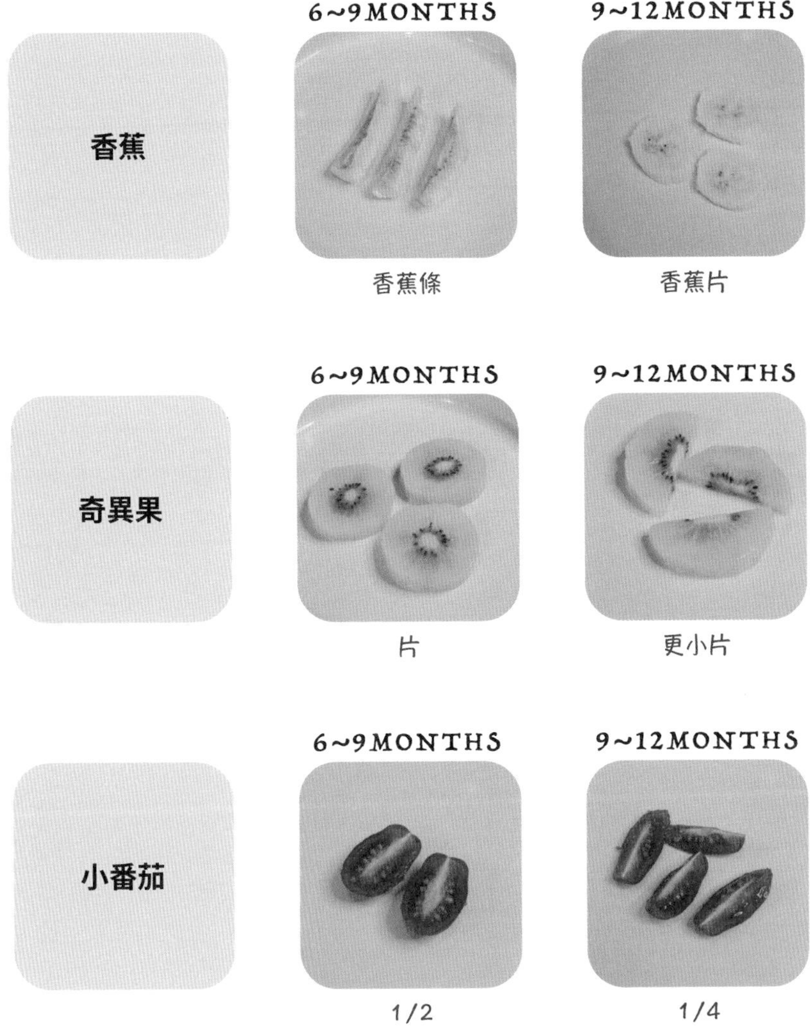
6~9MONTHS
9~12MONTHS
香蕉
香蕉條
香蕉片
6~9MONTHS
9~12MONTHS
奇異果
片
更小片
6~9MONTHS
9~12MONTHS
小番茄
1/2
1/4

CHAPTER 4

常見的疑難雜症

事先了解常見狀況勿驚慌

- 寶寶感冒／染疫時怎麼吃？
- 寶寶挑食、長不胖怎麼辦？
- 寶寶需要補充保健食品嗎？
- 寶寶食物過敏的處理方式
- 寶寶便祕時的應對方法
- 寶寶可以吃大人的零食嗎？
- 寶寶可以喝調味乳嗎？

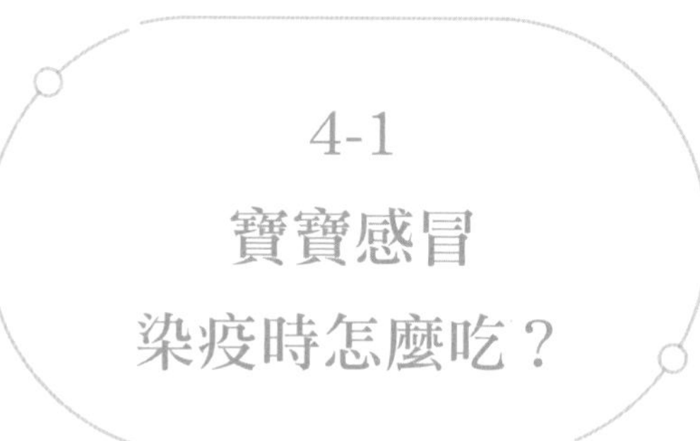

4-1 寶寶感冒染疫時怎麼吃？

「托嬰中心是細菌的溫床」，這個傳言由我親自幫大家驗證。我兒子從出生到一歲兩個月，一直是身強體壯的健康寶寶，不曾有感冒的經驗，沒想到送去拖嬰中心短短 3 天的時間就中鏢了，雖然知道這是成長必經的過程，但看著原本活蹦亂跳的寶寶咳嗽、發燒、流鼻水、哭鬧不休，做媽媽的實在是非常心疼。

很多寶寶都是在初次進入托嬰中心／幼兒園時感冒的，是學校病毒太多還是寶寶體質太弱？寶寶感冒了該怎麼辦？該如何吃才能讓寶寶恢復元氣，縮短感冒病程呢？首先我們就先來了解一下寶寶感冒的來龍去脈吧！

// 感冒是什麼？ //

感冒其實是一個比較籠統的說法，在醫學上我們稱之為「上呼吸道感染」，而上呼吸道感染大部分都是由病毒所引起，譬如我們常聽到的鼻病毒、冠狀病毒、流感病毒……等。

一般來說，成年人一年感冒的頻率約為 2 ～ 3 次，兒童因為免疫系統較差，一年大約感冒 6 ～ 10 次，而每次的感冒症狀大約會持續 3 ～ 14 天，在這段期間內，身體會靠著自身的免疫力來抵禦這些外來物，痰液與鼻涕是身體免疫細胞與清病毒打仗後所產生的發炎產物與壞死細胞，因此在這段期間內鼻涕直流、咳嗽咳不停，不用太過於緊張。

// 感冒快快好，該怎麼吃？ //

想要感冒快快痊癒，關鍵在於自身有良好的免疫力去對抗這些外來物，因此爸媽能為寶寶做的就是幫助他「多喝水、多休息、補充營養」，吃藥則是為了讓寶寶緩解感冒症狀，身體舒服一些。

以下這 10 種營養素是對於免疫系統的運作相當重要，感冒期間可以優先攝取：

1. 優質蛋白質

蛋白質是構成白血球和抗體的主要成分，也是維持免疫機能的主角。當蛋白質供應足夠時，可形成各種抗體，維持身體抵抗力，因此為了維持身體健康，適量攝取優質蛋白質是必須的。

食物來源：嫩豆腐、雞蛋、雞肉、牛肉、鱸魚

2. 維生素 A

人體上皮細胞包覆著所有體表以及與外界接觸的管腔表面，包括：皮膚、消化道、呼吸道、眼睛與生殖泌尿系統等表面，是保護身體的第一道防線。當維生素A缺乏時，會使上皮細胞分化不正常，產生角質化現象而失去防衛功能，容易被病毒入侵感染。

食物來源：南瓜、紅心地瓜、胡蘿蔔、木瓜、肝臟、蛋黃

3. 維生素 C

新鮮水果中含有豐富的維生素 C，維生素 C 是強力的抗氧化劑，具有抗病毒的效果，且能維持黏膜的完整性，減輕呼吸道黏膜組織受損程度。因維生素 C 高溫加熱容易受到破壞，因此直接吃新鮮水果是最快速補充維生素 C 的方法。

食物來源：芭樂、柑橘、奇異果、小番茄

4. 益生菌

腸子聚集著許多免疫細胞，發揮免疫、防禦的功能，人體有 70% 的淋巴分布在腸道，因此腸道為人體免疫的第一道防線，超過 70% 的免疫球蛋白 A 是由腸道製造，其可與病毒及病原菌結合，抑制細菌及病毒附著於腸道上的細胞時人體造成傷害。

食物來源：母奶、優酪乳、優格

5. 植化素

植化素是植物五顏六色之天然色素和特殊氣味的物質來源，植化素能提供植物自我保護的功能，像是抵抗紫外線、昆蟲、細菌、病毒的傷害，人體攝取植化素，能夠擁有強力的抗氧化物質、活化免疫機能、抑制發炎、抵擋細菌及病毒感染。

食物來源：花椰菜、白蘿蔔、洋蔥、彩色甜椒、藍莓、蔥、薑、大蒜

維持免疫系統的營養素相當多元，感冒中的寶寶或許沒辦法一次吃下大量的食物，這時候我們不要強迫進食，以免造成寶寶更大的痛苦，可在每一餐當中可選擇 2 ～ 3 種食物給予寶寶，例如：午餐吃一碗鱸魚湯麵及花椰菜，點心時間吃水果優格、晚餐再給予蒸地瓜及蘿蔔雞湯，一整天下來就能攝取到多樣的營養素，幫助感冒快快痊癒。

一瞑大一寸的重點筆記

推薦以下幾種適合寶寶感冒時食用的食物：薑絲魚湯、茶碗蒸、花椰菜濃湯、蒜頭雞湯、蛤蠣湯、彩色甜椒、奇異果、水果優格，一歲以上則可以提供蜂蜜檸檬水。

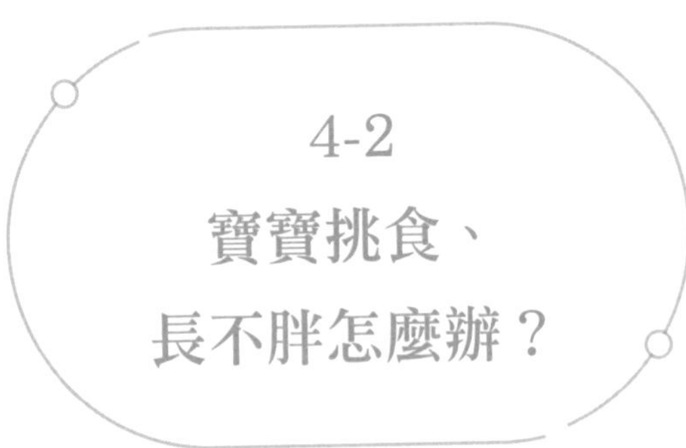

4-2 寶寶挑食、長不胖怎麼辦？

某次帶小漢堡出去逛街，當時我們正在排隊結帳，前面的媽媽牽著一個年紀稍為比小漢堡大一些的孩子，那位媽媽看了看小漢堡，接著指著自己的小孩說:「你看小弟弟，長得胖胖的，不像你，每天挑食，難怪這麼瘦！」。

// 為什麼寶寶挑食、吃得少？//

寶寶開始進入副食品階段後，挑食、拒食、長不高、長不胖……，一直是媽媽們最頭痛的問題，甚至有研究發現，寶寶挑食會增加媽媽的焦慮程度，有挑食寶寶的媽媽焦慮比例比起不挑食寶寶的媽媽增加了 2.8 倍。

剛開始寶寶不愛吃、吃不多或是邊吃邊玩都是正常現象，很少寶寶一開始就可以把碗裡的食物吃光，更多時候是寶寶並沒有明顯感受到飢餓，或是已經很想睡了，自然就會把送到眼前的食物揮開、拒吃。這時候強逼寶寶進食，可能會造成反效果，不如等寶寶餓了、睡飽了，再讓他試試。

// 寶寶挑食別緊張，5 種適合對應的飲食方法 //

1. 尊重寶寶的個性和氣質

寶寶挑食、不愛吃、吃得少的原因有很多，其中一項原因是「寶寶先天性格」，有些寶寶對於嘗試新的食物比較膽怯，遇到沒吃過的食物、不熟悉的質地、形狀、味道……，都會怕怕的，不敢放進嘴巴；而有些寶寶個性比較大膽，對於各種食物的接受度都很高。

2. 重複嘗試 15 ～ 16 次

根據研究，面對幼兒不愛吃的食物，往往需要嘗試 15 ～ 16 次，才有機會讓他們吃上一口，因此這段期間媽媽們千萬別氣餒，多鼓勵孩子嘗試、同時也可以變換料理方式，例如：不喜歡吃水煮胡蘿蔔，下次可以換成胡蘿蔔炒蛋，或是把胡蘿蔔切成小塊丟入玉米濃湯裡，增加孩子的接受度。

3. 利用食物代換，補足營養

若嘗試了很多方式寶寶還是不愛吃的話，可以利用「食物代換」的方式補足營養，也就是在六大類食物中同一類的食物裡找出其他食物作為替代，例如：寶寶不愛吃深綠色的花椰菜，那麼就用同樣是深綠色的菠菜做替換，一樣能夠攝取到蔬菜的營養和葉黃素。

4. 增加熱量密度，補充熱量

對於體重輕的寶寶，需要留意整天攝取熱量（奶量及副食品攝取量）及蛋白質是否不足；對於胃口小、吃不多的寶寶，可以從提升食物的熱量密度下手，例如：給寶寶喝些濃湯，在豆花、香蕉等點心上撒些芝麻粉，吐司麵包上抹一層酪梨或花生醬。簡單來說，就是吃一些「高熱量的健康食物」，千萬不要因為太瘦而給寶寶吃些炸薯條、奶昔，因為垃圾食物一樣會增加健康上的負擔。

5. 增加進食的樂趣

我們常常形容一道菜「色香味俱全」是最誘人的，對寶寶來說也是一樣的，在食物的搭配上，盡可能讓色彩看起來鮮豔繽紛，更能吸引寶寶目光，例如：餐盤裡有紅色的小番茄、綠色的蔬菜、黃色的雞蛋，而不是清一色都是一碗白白的粥，寶寶自然沒有胃口。除此之外，也可以挑選一套寶寶喜愛的餐具，讓他建立起吃飯的儀式感，心情更愉悅放鬆！

寶寶能吃、愛吃，是作為媽媽最大的鼓勵；對於沒那麼愛吃、挑食物吃的寶寶我們也給予尊重、陪伴、引導，現代媽媽壓力已經夠大了，千萬別把孩子吃與不吃的問題往自己身上扛，高矮胖瘦有一部分取決於基因，只要寶寶是健健康康的，身高體重都在標準範圍，就別為了寶寶吃太少而鬱鬱寡歡！

一暝大一寸的重點筆記

- 寶寶不吃，有可能是因為不餓、想睡覺、個性比較膽怯，不如等寶寶餓了、睡飽了，再讓他試試。
- 面對幼兒不愛吃的食物，往往需要嘗試 15 ～ 16 次，才有機會讓他們吃上一口，多嘗試、多鼓勵就對了。
- 如果嘗試了很多方式寶寶還是不愛吃的話，可以利用「食物代換」的方式補足營養。

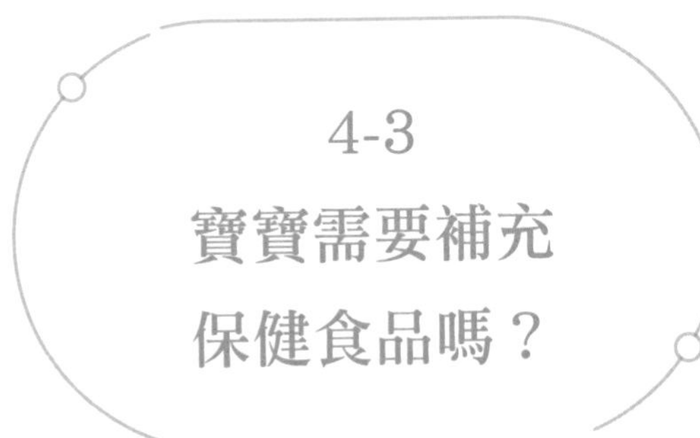

4-3 寶寶需要補充保健食品嗎？

每次去婦嬰用品店購物時，總會三番兩次被店員「關心」，「最近感冒病毒很多，記得給寶寶吃益生菌喔！」、「含鈣軟糖，讓寶貝長高要帶一包嗎？」……，現代人重視身體健康，經常有攝取保健食品的習慣，現在連嬰幼兒保健食品也琳瑯滿目，幼小的寶寶真的有需要補充這些嗎？

事實上，保健食品不是萬靈丹，它的功能在於「補足飲食中缺乏的營養素」。因此，寶寶是否有需要補充，取決於「平時飲食狀況」，若寶寶平時飲食均衡，那麼當然不用刻意買保健食品來吃；若有透過飲食無法攝取足夠的營養素，透過保健食品來補強，也不失為一個好方法！

// 嬰幼兒常見保健品的選購指南 //

維生素 D

維生素 D 的功能在於促進鈣質吸收，缺乏時可能會造成鈣質吸收不良、長不高，嚴重時甚至會發生佝僂病或軟骨病。

一般的嬰兒配方奶當中都會添加維生素 D 的成分，而母奶中的維生素 D 則取決於母體中含量是否足夠，因此台灣兒科醫學會建議純母乳哺育或部分母乳哺育的寶寶，從新生兒開始每天給予 400 IU 口服維生素 D；而配方奶寶寶，如果每日進食少於 1,000ml，則需要給予 400 IU 口服維生素 D。

益生菌

益生菌的主要功能有 3 個，分別是維持胃腸道功能、調整過敏體質以及增強抵抗力。

寶寶出生後，有幾個因素對於體內的菌相影響很大，分別是：自然產、是否喝母乳，以及副食品的介入。嬰兒在分娩過程中首次接觸益生菌是來自於自然產分娩過程中媽媽身上的乳酸桿菌（Lactobacilli）；而母乳和配方奶是嬰兒出生後主要食物來源，母乳中含有大量益生菌像是雙歧桿菌菌株（Bifidobacterium），經研究證實，食用母乳的嬰兒體內擁有更豐富的好菌；接著，寶寶在 4 個月後開始接觸副食品，消化道的菌相也會開始變化。

因此，剖腹產或自然產的媽媽因陰道感染而沒有以母乳哺餵的寶寶，可以視情況在開始吃副食品後，攝取「嬰兒專用」益生菌。

乳鐵蛋白

乳鐵蛋白是母乳中關鍵的營養成分，它能夠與體內的鐵螯合，將鐵運送到身體各處，乳鐵蛋白螯合鐵離子的能力為一般運鐵蛋白的 260 倍，可搶走細菌的鐵質，使細菌因缺鐵而無法繁殖；除此之外，乳鐵蛋白還能夠促進體內益菌生長、保護消化道黏膜、促進其他免疫因子如 IgM 免疫球蛋白、T– 淋巴球及 B– 淋巴球細胞的產生，因此能減少腸胃炎或腸胃感染等問題。

雖然乳鐵蛋白對於寶寶的抵抗力有正向的助益，但效果卻會隨著年紀增加而遞減。當寶寶年紀小、消化系統尚未發育完全時，從母乳或配方奶中獲得的乳鐵蛋白可完整的把它移到血液中加以利用；但寶寶一歲過後，隨著消化系統發育完全，乳鐵蛋白經過腸胃消化就會被切割、吸收、再重組，重組後就不一定是變成乳鐵蛋白，因此寶寶年齡愈大，乳鐵蛋白的幫助就越有限。

魚油

魚油當中的Omega-3脂肪酸（EPA及DHA）是關乎幼兒腦部、視力、心臟健康、免疫力的營養素，有研究顯示，新生兒所攝取的熱量中，有高達 74% 都是供給腦部發展之用，因此在這個階段，DHA 就扮演相當重要的角色。

母奶中的脂肪酸非常容易消化吸收，而市售配方奶中，通常有添加 DHA 成分，因此一歲前，通常不用太擔心有缺乏問題。

根據世界衛生組織（WHO）的建議，Omega-3 攝取量隨年齡增長需逐步調整（如下表）。一般來說，2 歲以前的寶寶，每天吃到一小塊（約成人三指併攏大小）鮭魚、鱈魚或鯖魚，就能補充到足夠的 Omega-3，因此，當寶寶一歲後，停喝配方奶及母奶，魚類攝取頻率低時，才需考慮補充。

WHO ／ FAO 對成長中嬰幼兒及懷孕婦女的 DHA 建議攝取量：

年齡	每日建議攝取量	來源
0 ～ 6 個月嬰幼兒	DHA 攝取量需佔總熱量 0.1 ～ 0.18%	母奶或配方奶
6 ～ 24 個月嬰幼兒	DHA 10 ～ 12mg/kg（每公斤體重）	母奶、配方奶或每週至少攝取 2 份魚類
2 ～ 4 歲兒童	100 ～ 150mg DHA+EPA	每週至少攝取 2 ～ 3 份魚類或保健食品
4 ～ 6 歲兒童	150 ～ 200mg DHA+EPA	每週至少攝取 3 份魚類或保健食品
6 ～ 10 歲兒童	200 ～ 250mg DHA+EPA	
懷孕婦女	200mg DHA	每週攝取 7 ～ 9 份的魚類或保健食品

鈣粉

鈣質對於成長中寶寶的重要性，眾所皆知，因此當寶寶牙齒長得少、身高長不高，許多媽咪都會急著想幫寶寶補鈣。

根據衛生福利部國人膳食營養素參考攝取量建議：0 ～ 6 個月嬰兒每日應攝取 300 mg、6 ～ 12 個月嬰兒為 400mg；1 ～ 3 歲幼兒為 500 mg，而母奶 1000 ml 平均含 340 mg 鈣質；配方奶粉所含鈣質依各家不同，每 1000 ml 約在 600 ～ 1300 mg。也就是說，寶寶只要奶量足夠，基本上就不用擔心鈣質缺乏，怕的是許多寶寶一歲後「斷奶」，少了每日鈣質的來源，那麼當然會陷入缺鈣危機。

因此最理想也最簡單的方式就是喝奶，一歲前維持正常喝奶量，一歲之後不論喝成長奶粉還是全脂鮮乳，一天至少需要 2 杯。

葉黃素

葉黃素存在於深綠色植物中，像是菠菜、玉米、地瓜葉……等，都是葉黃素的良好來源。市面上也有一些為兒童設計的葉黃素產品是以金盞花為原料，製作成軟糖、果凍、飲品等形式。葉黃素的功能就好比太陽眼鏡，能夠過濾掉 3C 產品所發射出來的藍光，減少藍光對視網膜造成的傷害。

至於有沒有需要補保健食品？一般來說，幼兒的視力要到 6 歲左右才會發育成熟，在此之前，幼兒的睫狀肌敏感、水晶體清澈、黃斑部葉黃素量也尚未足夠，在此階段若長期、頻繁的接觸手機、平板等 3C 產品，不論有沒有補充葉黃素，都有極大可能會引發假性近視或其他視力問題。因此我會建議在此階段，先以食物為優先來源，並遠離 3C 產品，等接受網路教學或以電子設備為學習工具時，再考慮是否需要額外補充。

寶寶需要補充保健食品嗎？建議在成長階段的寶寶，可以先以「天然食物」為優先，建立起不挑食的飲食習慣，才能夠為未來的健康奠定良好的基礎。保健食品雖然便利，但食物中的營養更全面，舉例來說，吃鈣粉雖然短時間補充到足量鈣質，但若用喝牛奶的方式，除了鈣質外，還有維生素 B 可以維持體能、蛋白質可以建構肌肉，這些全方位的營養都是寶寶需要的。

當然，每個人都有自己的飲食喜好，若嘗試後真的無法透過天然食物補充足夠，選擇兒童專用、檢驗合格的品牌是可行的。

一暝大一寸的重點筆記

- 維生素 D：純母乳或部分母乳哺育的寶寶，從新生兒開始每天給予 400 IU 口服。
- 益生菌：剖腹產或自然產但媽媽有陰道感染、沒有喝母乳的寶寶，可以視情況在開始吃副食品後，攝取「嬰兒專用」。
- 乳鐵蛋白：沒有喝母乳的寶寶且配方奶中未添加，一歲前補充效果較好。
- DHA、鈣質、葉黃素：由天然食物中攝取足夠並不困難，建議以食物優先，保健品次之。

4-4
寶寶食物過敏的處理方式

「4 個月寶寶只能吃十倍粥？」、「一歲前的寶寶不能吃蛋白、蝦子？」、「容易過敏的食物不要給寶寶吃？」這些都是早年對於寶寶的食物過敏常見的說法。

10 年前我還在唸大學時，確實，當時的兒科專家及營養教科書都建議寶寶 6 個月以後開始吃副食品，且必須遵從先吃米精再吃麥精、避開過敏食物等多項守則，尤其是家族史有過敏的孩子，通常會被建議延後再延後，然而，這樣的說法已被推翻，現代醫學已經證實：太晚給副食品不但不能減少過敏機率，反而還可能會增加寶寶過敏的機率。

// 什麼是食物過敏？ //

對寶寶來說，每接觸一種新食物，就像交一個新朋友，有時候身體（免疫系統）會把食物當做不友善的「入侵者」，當食物裡所含的過敏原突破寶寶尚未發展成熟的胃腸道障壁時，便可能引發一連串的免疫反應，造成各種不同的過敏症狀。

食物過敏的症狀

吃下過敏食物後的 30 分鐘到 2 小時之內就會發生，通常在 2 天內狀況會自動退散，可能會出現皮膚冒紅疹子、嘔吐、腹瀉、鼻塞、氣喘等症狀，甚至多種症狀同時發生，這時候就可以推論，寶寶發生食物過敏了。

過敏圈 vs. 尿布疹

過敏圈是常見的過敏症狀，很容易與尿布疹互相混淆，因此在此特別說明。兩者的判斷方式很簡單，「過敏圈」是形狀對稱且以肛門為中心的一道紅圈；而「尿布疹」則是大範圍、不規則狀的紅斑，從肛門蔓延到陰部、腹股溝都有可能。

// 寶寶食物過敏的三步驟處理法 //

1. 易過敏食材，採取「少量多樣化」方式給予

過去的專家建議，「寶寶開始吃副食品時，需要先從米糊開始嘗試，且每次只能一種新的食物」，這樣的作法已經被推翻了。因為當食物種類過於單調，除了寶寶容易吃膩以外，也無法讓免疫系統得到充分的訓練，將來寶寶挑食、過敏的機會反而更高！

修正後的作法是，寶寶一旦開始吃副食品後，除了蜂蜜以外，只要是「天然食物」，包含蛋白、蛋黃、魚肉、蝦子、奇異果……通通都可以「少量多樣化」嘗試。

2. 遇到過敏時，暫停後再嘗試

寶寶採取少量多樣化方式攝取各種不同的食物，若真的不幸發生食物過敏，通常狀況也不會太嚴重，大多只是輕微的症狀，例如皮膚或肛門附近有少許紅疹，過幾天就會自然消掉；如果吃了一兩口之後，當天馬上就出現明顯過敏，可先將過敏食物暫時自飲食清單中移除，兩週後把食物分量減半再嘗試，若連續兩次都行不通，就先採取放棄，等寶寶一歲後再試試看囉！

3. 必要時緊急送醫

如果發現寶寶在吃完東西之後，突然活動力變差、意識不清楚、呼吸困難，或者出現嚴重喘鳴現象，就要即刻送急診，以免危及生命。如果是輕微症狀，也最好帶孩子去門診請醫師做進一步診斷。或許是食物過敏存在一定的風險，媽咪們給予副食品時總是會戰戰兢兢，深怕有什麼閃失，寶寶深陷無法挽回的危險……。說出來不怕大家取笑，雖然身為營養師，但我第一次給寶寶吃花生醬吐司時，也曾在腦海中出現電影情節裡那種滿臉漲紅、呼吸困難的恐怖畫面，當然最後什麼事情都沒有發生，寶寶吃得相當開心。

事實上，根據「台灣過敏病防治中心」及「兒童過敏氣喘免疫學會」的統計，約有15%的兒童曾發生過敏症狀，當中食物過敏的表現發生率則僅有0.3～8%，且隨著寶寶年齡增長，胃腸道、免疫系統發展更趨成熟，甚至可完全擺脫對特定食物過敏困擾，所以說，媽咪們真的不要自己嚇自己啦！

常見過敏食物

海鮮類	蝦、龍蝦、蟹、貝類及不新鮮的魚
食品添加物	市售飲料、醬菜、醬油、罐頭食品、糖果、餅乾、蜜餞、泡麵
豆莢類	花生、大豆、豌豆
核果類	核桃、腰果、杏仁、胡桃
咖啡因	巧克力、咖啡、可樂、茶、可可
水果類	芒果、草莓、番茄、柳橙
其它	蛋、牛奶、香菇、竹筍、殘留農藥的青菜
酒精	含酒精的飲料或菜餚

一暝大一寸的重點筆記

- 食物過敏常發生在吃下過敏食物後的30分鐘至2小時之內，且2天內狀況會自動退散。
- 「過敏圈」的形狀對稱且以肛門為中心，「尿布疹」是大範圍不規則狀的紅斑，從肛門蔓延到陰部、腹股溝。
- 單調的食物無法讓寶寶的免疫系統得到充分的訓練，「少量多樣化」才是避免食物過敏的方法。

4-5 寶寶便祕時的對應方法

「寶寶好幾天沒上廁所怎麼辦？」、「寶寶排便時總面目猙獰，很痛苦的感覺！」，寶寶進入副食品階段，排便習慣很容易從「一天多次」轉變成「多天一次」，讓媽咪們非常擔心。實際上，這個階段寶寶的排便的頻率變動是很大的，嬰幼兒是否真的有便祕呢？可以根據以下 3 點來做判斷：

1. 一星期排便次數小於或等於 2 次。
2. 排出的糞便呈乾硬顆粒狀持續時間至少 2 週。
3. 排便時會痛、會哭，甚至會流血。

// 寶寶便祕常見的原因 //

1. 母奶改配方奶

母奶好消化、好吸收，因此母奶寶寶發生便祕的機會較低，有些寶寶剛出生時喝母奶，數個月後後改喝配方奶，植物性棕櫚油或酪蛋白等成分，有可能造成消化不良、糞便變硬的狀況。

2. 奶粉沖泡比例不對

若寶寶喝配方奶，出現便祕狀況，除了嘗試更換不同品牌的奶粉外，也應該要確認「沖泡比例」是否正確。

有些長輩幫忙帶小孩，因為擔心孫子喝不飽，偷偷在奶瓶裡多加了水，或未遵照「先加水、再加粉」的步驟，在無形之中影響了奶水的濃度，若奶泡太稀，當滲透壓濃度不足便容易造成便祕；相反地，泡太濃則容易出現腹瀉問題。

3. 副食品添加

許多寶寶在 4 ～ 6 個月開始吃副食品時首次發生便祕，主要的原因在於，從喝奶到副食品轉換的過程中，攝取水分大幅減少，腸胃蠕動降低而發生便祕情形；另外一個原因則是因為寶寶吃的食物千篇一律都是單調的十倍粥，長時間缺乏膳食纖維及油脂的狀況下，糞便自然無法成型。

// 寶寶便祕時紓緩與解決方式 //

糞便是食物消化後的終產物，因此排便的問題，最終還得調整飲食，才能解決根本的問題！

補充水分

寶寶在吃副食品之前，確保每天奶量足夠且沖泡比例正確；吃副食品之後，可以準備一個水杯，讓寶寶吃完副食品後喝幾口水；一歲過後，每隔幾小時提醒寶寶，補充水分，確保每日飲水量足夠。

膳食纖維

纖維像清道夫，會把腸道中的殘渣、廢物掃地出門，增加糞便體積，還可以作為腸道細菌的能量來源，能促進腸道益菌生長。蔬菜、水果、全穀雜糧都是膳食纖維的來源，可以試著把白粥改成蔬菜粥、糙米粥，吃些高纖蔬菜，增加膳食纖維的攝取。

消化酵素

奇異果、木瓜、香蕉、火龍果……等水果中含有豐富的消化酵素與水溶性纖維，可以幫助食物分解、潤滑腸道。

油脂

油脂也是推動糞便的助力之一，烹調方式若只有清蒸、水煮，寶寶很容易油脂攝取不足，可把原本的燙青菜改成炒青菜，雞湯可以保留一些表面的油脂一同給寶寶食用，來增加油脂的攝取。

益生菌

可以給寶寶吃些富含益生菌的食物，像是一些無糖、無人工添加物的優格、希臘優格都是可以的。益生菌有改變腸道菌叢、改善降低腹瀉及便祕等多種好處，也具有鈣質、蛋白質等多種營養價值，6 個月大的寶寶就可以開始嘗試吃優格了。

按摩及運動

糞便形成的過程需要消化道不斷地蠕動，將排泄廢物推向大腸，因此足夠的活動也是關鍵的一環。當寶寶還不會爬行時，照顧者可透過腹部按摩刺激寶寶排便，以指腹沿著肚臍周圍，順時針畫圓，或是抓著寶寶的腳做空中踩腳踏車的運動，來刺激腸道；等寶寶會爬、會走之後，就鼓勵他們多活動，才能保持順暢的排便習慣。

一暝大一寸的重點筆記

- 每星期排便次數小於或等於 2 次，或排出的糞便呈乾硬顆粒狀持續時間至少 2 週才算是便祕。
- 便祕的解決方法：水分、纖維、油脂、酵素、益生菌，多管齊下。
- 寶寶還不會爬行之前，可透過腹部按摩、空中腳踏車方式增加腸胃蠕動。

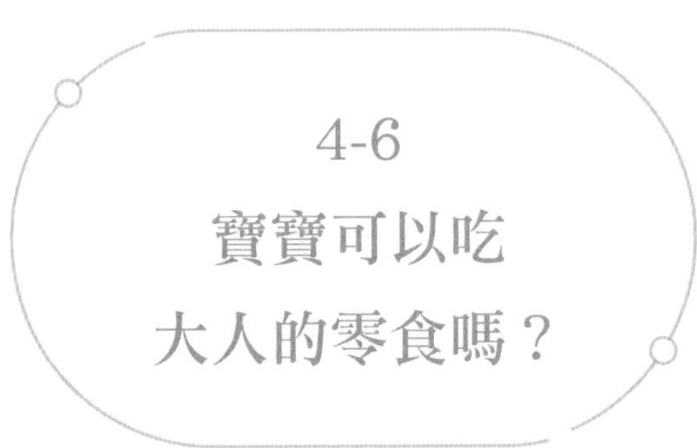

4-6 寶寶可以吃大人的零食嗎？

小漢堡大約在七、八個月大時，有次大人坐在沙發上津津有味的吃著洋芋片，他竟然從地墊上爬了過來，指著大人的洋芋片：「啊、啊、啊」的，想要分一口來吃。

洋芋片這類油炸點心，其實不適合當作寶寶的點心；當然，除了米餅以外，寶寶的點心還是有其他的選擇？在這邊列出幾項具有營養價值的點心，供媽咪們參考：

無調味海苔

海苔是以紫菜烘乾製成的零食，雖然歸類在零食，其實海苔是一種來自大海的蔬菜，熱量低且富有豐富的水溶性纖維、多種營養素和礦物質碘，是寶寶生長發育必備的營養素。

挑選海苔時，「原味、無調味」為原則，部分市售海苔除了加鹽、塗醬油外，還經過油炸，讓原本健康的海苔變得充滿負擔。

爆米香

在菜市場、傳統老街才會看到懷舊小吃「爆米香」其實也是不錯的選擇，爆米香是以白米、薏仁、蕎麥等穀物為原料，以加熱器爆發，產生香酥蓬鬆的口感。

要注意的是，有些爆米香會加入花生、堅果等堅硬食物，須留意吞嚥安全；另外，有些米香經過油炸，也加入大量的麥芽糖使之成型，建議購買時要注意標示。

天然起司

在前面的單元有提到，起司濃縮了牛奶中豐富的營養素，鈣含量極高，100% 天然起司作為點心再適合不過，如果寶寶比較餓，也可以搭配吐司麵包、饅頭一同給寶寶食用。

優格、鮮奶酪

優格及奶酪是以鮮奶為基底製成，質地軟嫩、味道香濃，不加糖本身就帶有牛奶的甜味，也含有鈣質，深受寶寶喜愛，可以直接給寶寶食用。部分市售優格或奶酪會加入果醬、巧克力醬調味，導致含糖量偏高，這類就不適合給寶寶食用，若想增添風味，可使用天然水果。

豆漿、豆花

豆花是以大豆為原料製成，含有豐富的植物性蛋白質及鈣質，調味用的糖水可以換成豆漿，配料以紅豆、綠豆、薏仁、（軟）花生等天然食材，一次便可讓寶寶補充到豆類、穀類、種子類食物，營養相當多元，是一碗健康又美味的點心了。

一暝大一寸的重點筆記

- 給寶寶吃的零食，以「具有營養價值」為優先。
- 海苔、天然起司、優格、奶酪、豆花都是富含營養的優質點心。
- 大人吃的洋芋片、重口味零食容易上癮，越晚接觸越好。

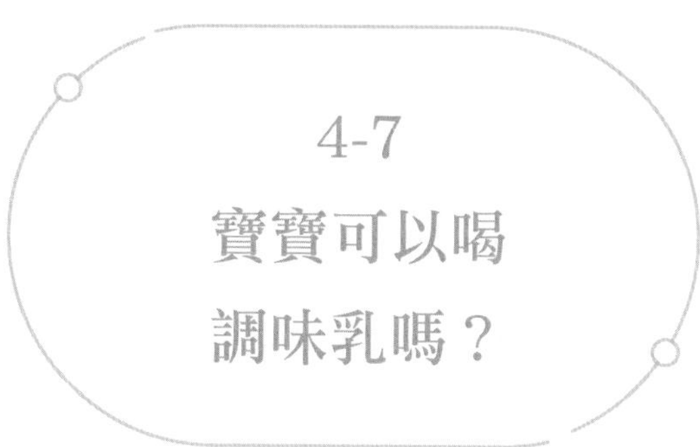

4-7 寶寶可以喝調味乳嗎？

一歲以上的寶寶就可以嘗試喝「牛乳」了，但是市售的乳品五花八門，光是鮮乳就有分成全脂、低脂、脫脂，口味上更是有麥芽、草莓、巧克力……等多種口味，給寶寶喝的到底該怎麼挑選呢？其實只要先就市售常見飲品做進一步的了解，就知道該如何選擇了！

牛乳

牛乳最大的特色在於它的高營養價值，牛乳屬於高生物價蛋白質，能夠充分被人體吸收，對於成長發育中的寶寶尤其重要，值得注意的是，牛乳中的鈣質遠高於其他食物，一杯 240ml 的鮮奶，含有 240mg 的鈣質，根據《幼兒期營養手冊》一書的建議，1 ～ 6 歲的幼兒每日應攝取至少 2 杯才夠。

至於全脂、低脂、脫脂該如何挑選呢？此三者最大的差異在於「脂肪的含量」，從母牛擠出來後，成分未經調整的牛乳為全脂鮮奶，去除部分乳脂後為低脂牛乳，去除大部分脂肪則為脫脂牛乳，幼兒在選擇牛乳時建議挑選「全脂」優先，因為全脂牛乳中保留了較多脂溶性營養素，這些都是寶寶所需要的。

調味乳

調味乳是以 50% 以上之生乳、鮮乳或保久乳為主要原料，添加調整風味的原料或添加物經加工製成之乳製品，因此許多調味乳不但營養價值不及牛乳，還多加了糖、香料、色素等添加物，這類飲品喝多了容易造成寶寶負擔，且對於甜味食物有癮取向。

這幾年來，陸續出現一些健康取向的調味乳，成分中無添加糖、人工香料等添加物，僅添加天然穀物或食材調味，若要給寶寶變換口味，這類的飲品是可以接受的。

優酪乳

優酪乳是以牛乳加入乳酸菌經醱酵製成，過程中可將牛乳中的乳糖轉換為乳酸，有些寶寶對於乳糖的耐受度不佳，喝了牛乳就容易有脹氣、腹瀉等問題，建議初期可以少量嘗試，之再慢慢增加來達到改善的效果，或是用營養價值與牛乳相似的優酪乳取代。

市面上優酪乳有原味、草莓、藍莓等多種口味，在挑選時，建議選擇「無加糖」，才可避免寶寶攝入過多的精緻糖。

豆乳

豆乳雖然有個「乳」字，但卻不屬於「乳品類」。在營養學上的分類屬於「豆魚蛋肉類」，豆乳的蛋白質含量豐富，吸收利用率也高，可以作為寶寶的蛋白質來源，但是在鈣質的部分，豆漿可是遠遠不及於牛奶，每 100ml 的牛奶大約含有 100mg 的鈣質，但是每100ml的豆漿卻只有15mg，足足差了6倍之多，因此，豆乳作為寶寶的健康飲品雖然沒有問題，但不可取代牛乳。

燕麥奶

燕麥奶是燕麥加水打成濃稠的液體，因此燕麥奶並不是奶，而是屬於「全穀雜糧類」。燕麥麩皮含有豐富的維他命 B、E，膳食纖維非常高，其中有個有功效的成分叫做 β - 聚葡萄醣，有免疫調節的效果，因此作為健康飲品是沒問題的。

堅果奶

堅果奶是以杏仁、腰果或堅果類加水製成的飲品，屬於「堅果種子類」，含有豐富的單元不飽和脂肪、維生素 E，這些營養素對寶寶來說是有益的；但是市售堅果奶通常很「稀」，因為大部分是以「水」成分居多，因此熱量不高，若寶寶正餐吃得很足，當做點心飲品當然沒問題；若寶寶食量小，就不建議攝取這類的飲品，避免佔據胃部空間，導致正餐吃得更少！

市售常見飲品比較

營養成分（每 100ml）	熱量（kcal）	蛋白質（g）	脂肪（g）	碳水化合物（g）	膳食纖維（g）	鈣（mg）
全脂鮮奶	63	3.0	3.6	4.8		100
調味乳（巧克力）	61	1.9	2.0	9.2	0.8	60
優酪乳	74	3.2	2.2	10.4	0.6	90
豆奶	35	3.6	1.9	0.7	1.3	14
燕麥奶	44	1.0	0.8	8.1	1.1	4
堅果奶（杏仁奶）	17	0.6	1.4	0.6		120

一瞑大一寸的重點筆記

- 一歲以上的寶寶可以嘗試喝「牛乳」，一日 2 杯全脂牛乳，才能滿足基本營養需求。
- 選擇調味乳、優酪乳時，無糖、無人工添加物是基本原則。
- 以「成長發育」的角度來看，牛奶是基礎，豆奶可作為輔助，燕麥奶、堅果奶在不影響正餐的前提下可以喝，但不可取代牛乳。

寶寶的副食品食譜

RECIPE

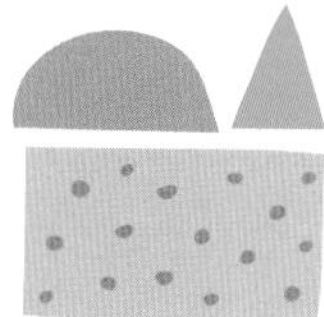

米糊（十倍粥）

材料 INGREDIENTS

白米／胚芽米／糙米 20 公克

水 200 毫升

作法 STEPS

1. 將米洗淨。將米和水放入電鍋當中，燉煮 40 分鐘。
2. 煮好的粥以食物調理機打成糊狀，即為十倍粥。

營養價值

剛開始吃副食品的寶寶可以先嘗試白米糊，接著可替換成胚芽米、糙米、十穀米糊，讓寶寶的味覺接受更多元變化，同時可攝取到更多維生素 B 群及微量元素。

燕麥糊

材料 INGREDIENTS

燕麥／大麥 20 公克

水 200 毫升

作法 STEPS

1. 將燕麥或大麥洗淨。
2. 加入水並放入電鍋當中，燉煮 40 分鐘。
3. 煮好的燕麥粥以食物調理機打成糊狀，即為燕麥糊。

營養價值

燕麥及大麥含有豐富的膳食纖維，同時也含有鐵、鎂、鋅，可補充此階段寶寶成長所需要的營養素。

蘋果泥

材料 INGREDIENTS

蘋果 1/4 顆

作法 STEPS

1. 將蘋果洗淨、去籽。
2. 以研磨器磨成泥狀。

營養價值

蘋果中所含的蘋果多酚有抗過敏、抗癌的效果，此營養素在蘋果皮尤其豐富，因此建議蘋果連皮帶肉一起吃。

水梨泥

材料 INGREDIENTS

水梨 1/4 顆

作法 STEPS

1. 將水梨洗淨、去籽。
2. 以研磨器磨成泥狀。

營養價值

水梨粗糙的口感來自於非水溶性的膳食纖維，它就好像腸道中的清道夫，能夠增加糞便體積、刺激腸壁排便，有預防便祕的效果。

香蕉燕麥粥

材料 INGREDIENTS

燕麥 20 公克、香蕉 1/2 根、水 200 毫升

作法 STEPS

1. 將香蕉去皮。
2. 用叉子搗碎成泥狀成為香蕉泥。
3. 將香蕉泥與燕麥糊混合均勻即可。

營養價值

香蕉可換成蘋果、水梨等其他水果泥，變換口味，替寶寶補充多營養！

高麗菜泥

材料 INGREDIENTS

高麗菜 50 公克、水 200 毫升

作法 STEPS

1. 高麗菜洗淨。
2. 將高麗菜及水倒入鍋中煮熟或以電鍋蒸熟。
3. 以食物處理器搗碎成泥狀。

營養價值

高麗菜含有增強免疫力的維生素 C、硫化物，也有促進骨骼發育的維生素 K，製作副食品時，別忽略了高麗菜芯，裡頭的鈣、鉀、磷等礦物質可是葉子的 2 倍呢！

胡蘿蔔泥

材料 INGREDIENTS

胡蘿蔔 50 公克、水 200 毫升

作法 STEPS

1. 將胡蘿蔔洗淨、去皮。
2. 將胡蘿蔔及水倒入鍋中煮熟或以電鍋蒸熟。
3. 以食物處理器搗碎成泥狀。

營養價值

胡蘿蔔素進入體內可以轉換成維生素 A，藉此保護皮膚、黏膜或角膜的健康。

毛豆泥

材料 INGREDIENTS

毛豆 25 公克、水 200 毫升

作法 STEPS

1. 毛豆洗淨。
2. 將毛豆及水倒入鍋中煮熟或以電鍋蒸熟。
3. 以食物處理器搗碎成泥狀。

營養價值

毛豆在營養學的分類上屬於「豆魚蛋肉類」，屬於植物來源的優質蛋白質，有助於建構肌肉及成長發育，特別推薦給素食寶寶。

地瓜泥

材料 INGREDIENTS

地瓜 1 條（110 公克）、水 150 毫升
母奶／配方奶適量（可加可不加）

作法 STEPS

1. 將地瓜皮洗淨，放入電鍋中。
2. 加入 150 毫升的水將地瓜蒸 20 分鐘，筷子能夠穿透代表熟了。
3. 將地瓜取出，去皮，地瓜搗碎成泥狀即可食用。
4. 也可加入水、母奶、配方奶調稠度。

營養價值

地瓜含有豐富的膳食纖維，有助於培養腸道好菌、增加糞便體積、促進消化道蠕動，讓排便更順暢。

鷹嘴豆泥

材料 INGREDIENTS

鷹嘴豆 20 公克、水 150 毫升
母奶／配方奶適量（可加可不加）

作法 STEPS

1. 將鷹嘴豆洗淨，放入電鍋中。
2. 加入 150 毫升的水將鷹嘴豆蒸 20 分鐘，叉子能輾壓代表熟了。
3. 將鷹嘴豆搗碎成泥即可食用。也可加入水、母奶、配方奶調稠度。

營養價值

鷹嘴豆同時含有豐富的澱粉與優質蛋白質，以及維生素 B6、維生素 E、鉀與葉酸等營養成分，能夠幫寶寶補充熱量、產生能量、維持神經健康。

花椰菜濃湯

材料 INGREDIENTS

花椰菜 300 公克、馬鈴薯 110 公克
洋蔥 100 公克、水／高湯 500 毫升

作法 STEPS

1. 將花椰菜、洋蔥洗淨、馬鈴薯去皮切小塊。
2. 所有食材放入鍋中，蓋上鍋蓋以小火煮 30 分鐘，以食物調理機打成糊狀。

營養價值

綠花椰屬於十字花科的蔬菜，裡頭的超強抗氧化物質「蘿蔔硫素」，具有對抗發炎、保護細胞的效果，馬鈴薯中含有豐富的維生素 B 群，可以讓人提振精神，維持情緒穩定。

南瓜濃湯

材料 INGREDIENTS

南瓜 170 公克、洋蔥 100 公克
胡蘿蔔 50 公克、水 500 毫升

作法 STEPS

1. 洋蔥去皮，胡蘿蔔、南瓜表皮洗淨，一起切塊蒸熟並搗碎成泥。
2. 食物泥及水倒入鍋中，開小火煮滾，過程中不斷攪拌。

營養價值

南瓜含有豐富的維生素 C、E 及 β-胡蘿蔔素，有優異的抗氧化效果，β-胡蘿蔔素能夠在體內轉換為維生素 A，維持皮膚、黏膜健康，提升免疫力。

番茄濃湯

材料 INGREDIENTS

番茄 4 顆（600 公克）、洋蔥 100 公克
胡蘿蔔 50 公克、水／高湯 500 毫升
大蒜 5 公克、橄欖油 1 小匙（5 公克）

作法 STEPS

1. 將大蒜切末、洋蔥切丁。將胡蘿蔔與番茄切塊。
2. 開小火，倒入橄欖油、蒜末、洋蔥丁不斷拌炒。
3. 炒出香氣後加入胡蘿蔔、番茄、水或高湯，蓋上鍋蓋煮 30 分鐘。
4. 以食物調理機打成糊狀。

營養價值

茄紅素有強大抗氧化力，它位於細胞壁內側，若想要提升吸收率，可將番茄加熱、軟化後打碎，吸收率會比生吃多 3～4 倍。

馬鈴薯玉米濃湯

材料 INGREDIENTS

玉米粒 340 公克、馬鈴薯 110 公克
菠菜 100 公克、胡蘿蔔 50 公克
水／高湯 500 毫升

作法 STEPS

1. 將馬鈴薯與胡蘿蔔去皮、切塊，將菠菜切小段。
2. 所有食材放入鍋中，蓋上鍋蓋以小火煮 30 分鐘
3. 以食物調理機打成糊狀。

營養價值

玉米、菠菜及胡蘿蔔擁有豐富的葉黃素、玉米黃素及 β- 胡蘿蔔素，對於寶寶的視力發展、近視預防有幫助。

香菇雞肉粥

材料 INGREDIENTS

土雞 1/2 隻（750 公克）
乾香菇 30 公克
薑 10 公克
水 2 公升
粥 125 公克

作法 STEPS

1. 乾香菇沖洗後，浸泡於熱水中。
2. 將薑切片。
3. 土雞汆燙去除血水，取出備用。
4. 鍋中倒入 2 公升的水、薑片、香菇及浸泡香菇的水，開小火。
5. 水滾後加入土雞，蓋上鍋蓋燉煮 30 分鐘。
6. 取出一碗雞湯，去除雞骨，加入粥，以食物調理機打成泥狀。

營養價值

香菇富含多醣體，能夠提升抵抗力，再搭配優質蛋白質雞肉燉煮成粥，營養美味！

烤吐司

材料 INGREDIENTS

白吐司／全麥吐司

1/2 ～ 1/3 片（30 公克）

作法 STEPS

1. 將吐司置於烤箱烤 3 分鐘。
2. 將烤好的吐司切成長條狀。（吐司太濕軟入口容易噎到，烤至外皮微脆、內部柔軟，寶寶較好入口）

營養價值

吐司、全麥吐司屬於全穀雜糧類，可當作米飯麵食的替換品，等寶寶學會吃吐司後，就可以將吐司製作成三明治、披薩等點心，可以讓整體營養更均衡、口味更多變。

蒸地瓜

材料 INGREDIENTS

地瓜 1 條（110 公克）

作法 STEPS

1. 將地瓜表面土壤刷洗乾淨。
2. 鍋中加入一杯水，放入地瓜蒸約 25 分鐘。

營養價值

地瓜帶皮一起蒸，可以減少營養素流失，刷洗乾淨過的地瓜皮含有豐富的膳食纖維及抗氧化物質，寶寶可以接受的話，帶皮吃也是沒有問題的！

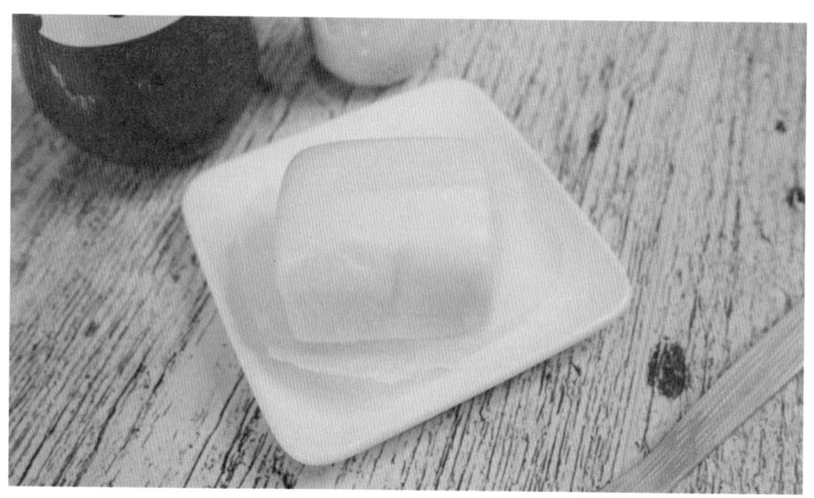

奶香小饅頭

材料 INGREDIENTS

麵粉 200 公克

奶粉／配方奶 20 公克

酵母粉 2 公克

水 120 毫升

作法 STEPS

1. 奶粉以 120 毫升的溫水沖泡，加入酵母粉攪拌均勻。
2. 麵粉與奶混合均勻，揉成麵團，待麵團發酵至 2 倍大。
3. 將發酵好的麵團表面揉至光滑，並搓成長條，用刀子分割。
4. 將分割好的麵團鋪在烘焙紙或蒸籠紙上，放置於電鍋中靜置 20 分鐘，等麵團重新發起來。
5. 麵團發起來後，電鍋加入 1 杯水，蒸 20 分鐘。

營養價值

添加奶粉的饅頭，鈣質豐富，料理時使用奶粉、配方奶或一般全脂奶粉皆可。

香菇藜麥蘿蔔糕

材料 INGREDIENTS

在來米粉 300 公克
白蘿蔔 300 公克
乾香菇 3 朵
豬絞肉 70 公克
藜麥 20 公克
橄欖油 15 公克
水 300 毫升

作法 STEPS

1. 將白蘿蔔去皮後刨絲、藜麥洗淨。
2. 在來米粉加入水，攪拌均勻成米漿狀。
3. 香菇洗淨，以熱水泡開後切小丁。
4. 開小火，倒入 10 公克的橄欖油，將香菇、豬絞肉及藜麥炒香。
5. 加入白蘿蔔絲，繼續拌炒至半透明狀。
6. 加入調和好的在來米糊，並將米糊與食材拌勻。
7. 準備一蒸鍋，並將內鍋塗上橄欖油，防止米糊沾黏。
8. 將米糊倒入鍋中，以中小火蒸40分鐘。

營養價值

蘿蔔糕是以在來米為主要成分，能夠提供醣類及熱量，比糯米好消化，適合寶寶食用，加入蘿蔔絲、豬絞肉可一同補充纖維與蛋白質，營養更均衡！

干貝雞肉粥

材料 INGREDIENTS

米 40 公克

干貝 35 公克

雞腿肉 40 公克

高麗菜 50 公克

胡蘿蔔 10 公克

水／高湯 300 毫升

作法 STEPS

1. 將米洗淨。
2. 干貝、雞腿肉切塊、高麗菜切小段、胡蘿蔔刨絲。
3. 水或高湯煮滾，加入糙米，煮 20 分鐘至米心熟透。
4. 將切好的食材放入鍋中煮至全熟。
5. 再次將食材剪碎或處理成寶寶可食用的大小。

營養價值

粥品中同時含有優質蛋白質、全穀類及蔬菜，對寶寶來說就是非常均衡的一餐了！

什錦海鮮粥

材料 INGREDIENTS

米 40 公克

蝦仁 35 公克

花枝 35 公克

豬肝 10 公克

小白菜 50 公克

水／高湯 300 毫升

作法 STEPS

1. 將米洗淨。
2. 花枝切圈、豬肝切片、小白菜切小段。
3. 水或高湯煮滾，加入米，煮 20 分鐘至米心熟透。
4. 將切好的食材放入鍋中煮至全熟。
5. 再次將食材剪碎或處理成寶寶好入口的大小。

營養價值

海鮮及豬肝中含有豐富的鋅，能幫助醣類、蛋白質、脂肪及維生素的代謝，與味覺、生長發育和免疫等重要功能息息相關！

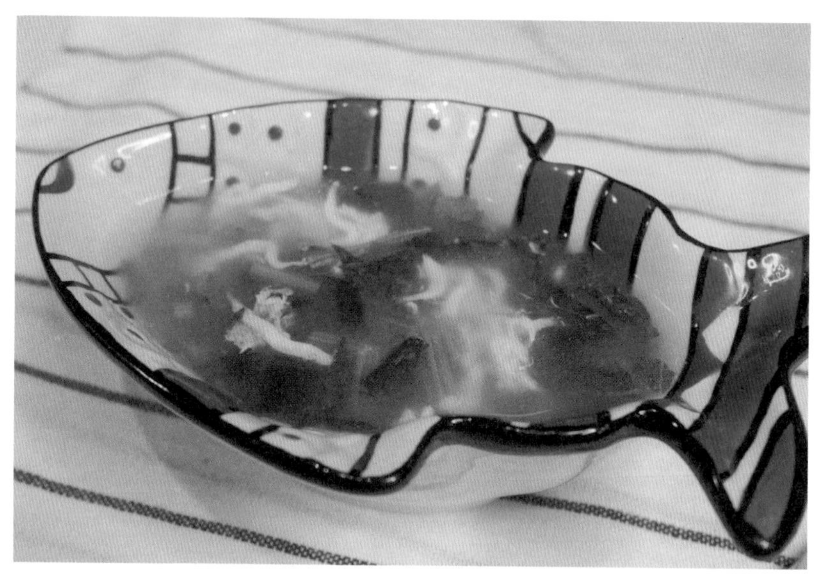

翡翠吻仔魚蛋花湯

材料 INGREDIENTS

菠菜 50 公克

吻仔魚 35 公克

雞蛋 1 顆

水／高湯 300 毫升

作法 STEPS

1. 將菠菜切碎、雞蛋打散。
2. 水或高湯煮滾，加入菠菜、吻仔魚。
3. 加入雞蛋並攪拌形成蛋花。
4. 待所有食材煮至全熟後即完成。

營養價值

菠菜與吻仔魚皆屬於鈣質豐富的食物，搭配高生物利用率的雞蛋，能夠促進寶寶骨骼生長及整體發育。

鯛魚豆腐煲

材料 INGREDIENTS

嫩豆腐 70 公克

鯛魚 35 公克

蔥 5 公克

薑 5 公克

作法 STEPS

1. 豆腐及鯛魚切塊、蔥切段、薑切絲。
2. 將豆腐、鯛魚、蔥段以及薑絲放於碗中。
3. 電鍋蒸 20 分鐘。

營養價值

鯛魚及豆腐分別是植物與動物的優質蛋白質來源，容易被身體消化、吸收利用。

清蒸鱈魚

材料 INGREDIENTS

鱈魚 70 公克

胡蘿蔔 5 公克

蔥 5 公克

薑 5 公克

大蒜 5 公克

作法 STEPS

1. 胡蘿蔔切絲、蔥切段、薑切絲、大蒜切末。
2. 將切好的食材鋪於鱈魚表面。
3. 電鍋蒸 20 分鐘。

營養價值

鱈魚含有豐富 EPA、DHA，有活化腦細胞的功效，加上很容易消化吸收，因此很適合作為寶寶副食品。

甜椒烤鮭魚

材料 INGREDIENTS

鮭魚 70 公克
彩色甜椒 25 公克
櫛瓜 25 公克
檸檬 10 公克

作法 STEPS

1. 彩色甜椒切絲、櫛瓜切片、檸檬切片。
2. 取一大張烘焙紙，依序將鮭魚、甜椒、櫛瓜放上。
3. 表面擠上檸檬汁。
4. 放入烤箱，以 170℃烤約 20 分鐘。

營養價值

鮭魚是少見維生素 D 豐富的食物，維生素 D 能夠促進鈣質吸收，幫助牙齒及骨骼成長發育，還有強化免疫力的效果。

鮮菇茶碗蒸

材料 INGREDIENTS

雞蛋 1 顆

香菇 1 朵

水／高湯 150 毫升

作法 STEPS

1. 將香菇切薄片。
2. 蛋打散，加入香菇及水或高湯。
3. 放入鍋中蒸 20 分鐘。

營養價值

香菇富含膳食纖維、β-葡聚糖、維生素 D 等多種營養素，也具有天然鮮味，煮湯、製作成蒸蛋給寶寶食用，有提升免疫力的效果。

寶寶雞塊

材料 INGREDIENTS

雞里肌 200 公克
板豆腐 80 公克
胡蘿蔔 10 公克
橄欖油 10 公克

作法 STEPS

1. 將雞里肌以食物理器打成肉泥，或直接購買市售雞絞肉。
2. 胡蘿蔔去皮，磨成泥。
3. 板豆腐壓碎。
4. 將肉泥、胡蘿蔔泥、板豆腐三者均勻混合。
5. 開小火，倒入橄欖油熱鍋。
6. 將混合好的肉泥捏塑成雞塊狀，放入油鍋中雙面煎熟。

營養價值

市售的雞塊多是經加工、低營養、高熱量的食品，自製的雞塊使用高蛋白質的原型食物里肌肉及豆腐，讓寶寶享受吃的樂趣，不會造成負擔。

烤薯條

材料 INGREDIENTS

馬鈴薯 180 公克

橄欖油 1 小匙（5 公克）

作法 STEPS

1. 馬鈴薯切成長條狀。
2. 將切好的馬鈴薯均勻抹上橄欖油。
3. 烤箱或氣炸鍋以 180℃烤 20 分鐘。

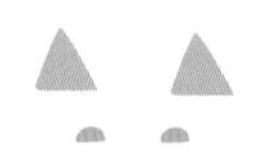

營養價值

馬鈴薯主要成分是碳水化合物，能夠提供寶寶活動時所需的熱量，並活絡大腦及身體機能。

柔嫩炒蛋

材料 INGREDIENTS

雞蛋 1顆

玄米油 1小匙（5公克）

作法 STEPS

1. 雞蛋打散。
2. 開小火，倒入玄米油並熱鍋。
3. 將蛋液倒入鍋中翻炒，炒至蛋液全熟即可。

營養價值

雞蛋有完整胺基酸，90% 以上都能被人體吸收，且含有鐵質、維生素 B12、維生素 B2、維生素 D 以及葉酸、卵磷脂、膽鹼等多種營養素，以營養角度來看，CP 值極高。過去媽咪擔心寶寶吃到全蛋（主要是蛋白）會發生過敏，事實上，寶寶在 4 個月後就可以嘗試「少量」給予全蛋，若沒有過敏反應及可以放心給寶寶吃，才不會錯過營養補充的黃金階段！

番茄炒蛋

材料 INGREDIENTS

大番茄 2 顆

雞蛋 3 顆

青蔥 5 公克

蔥白 5 公克

橄欖油 1 大匙（15 公克）

作法 STEPS

1. 大番茄洗淨、切丁。
2. 雞蛋打散。
3. 鍋中倒入橄欖油、蔥白，開小火將蔥白煸出香氣。
4. 蔥白推至鍋邊，加入雞蛋，炒至半熟取出備用。
5. 將番茄放入鍋中，蓋上鍋蓋，靜置 5 分鐘，等待番茄釋放出水分。
6. 加入雞蛋、青蔥拌炒均勻，並確認雞蛋全熟。

營養價值

番茄鮮豔的紅色來自於抗氧化力強大的茄紅素，茄紅素具有防癌、預防心血管疾病、美肌的效果，也能夠促進食慾，茄紅素屬於脂溶性，加點橄欖油烹調，吸收效率會更好！

蔬菜海鮮煎餅

材料 INGREDIENTS

蝦仁 50 公克
花枝 60 公克
高麗菜 30 公克
胡蘿蔔 10 公克
洋蔥 10 公克
麵粉 40 公克
雞蛋 1 顆
水 50 毫升
橄欖油 10 公克

作法 STEPS

1. 將蝦仁及花枝切碎。
2. 高麗菜、胡蘿蔔、洋蔥切絲。
3. 麵粉加水攪拌後，加入打散的雞蛋、切好的海鮮及蔬菜，攪拌均勻成麵糊。
4. 開小火，倒入橄欖油，熱鍋後倒入麵糊。
5. 雙面煎的金黃即可起鍋。

營養價值

加入蔬菜、海鮮、麵粉的煎餅，同時可以補充醣類、蛋白質及油脂，營養均衡；餅狀的食物好抓握，很適合作為此階段的手指食物。

絲瓜煎餅

材料 INGREDIENTS

絲瓜 50 公克

茄子 20 公克

麵粉 40 公克

雞蛋 1 顆

水 50 公克

橄欖油 1 小匙（5 公克）

作法 STEPS

1. 將絲瓜及茄子切薄片。
2. 麵粉加水攪拌後，加入打散的雞蛋、切好的蔬菜，攪拌均勻成麵糊。
3. 開小火，倒入橄欖油，熱鍋後倒入麵糊。
4. 雙面煎的金黃即可起鍋。

營養價值

絲瓜含有豐富的膳食纖維、葉酸、維生素 A 等種類多元的礦物質，此外，絲瓜內含的水分高達了 95%，當寶寶有排便困擾的時候，可以多加食用。

蒜炒花椰菜

材料 INGREDIENTS

綠花椰 100 公克

香菇 50 公克

蒜頭 5 公克

橄欖油 1 小匙（5 公克）

水 200 毫升

作法 STEPS

1. 綠花椰去除堅硬外皮，並切成花朵狀。
2. 中火熱鍋，加入橄欖油與蒜頭爆香。
3. 花椰菜及香菇放入鍋中拌炒 1 分鐘至半熟。
4. 加入 200 毫升的水，蓋上鍋蓋燜煮至全熟（約 5 分鐘）。

營養價值

花椰菜中的維生素 C 屬於水溶性營養素，維生素 C 容易從切口流失，建議烹調時不要切得太小朵（可煮熟再切），並且以油炒加蒸煮的方式，保留維生素 C。

香煎豆腐排

材料 INGREDIENTS

板豆腐（傳統豆腐） 80 公克
橄欖油 1 小匙（5 公克）

作法 STEPS

1. 將板豆腐表面水分擦拭乾淨，切片。
2. 開小火，倒入橄欖油，熱鍋後放入板豆腐。
3. 雙面煎熟後即可。

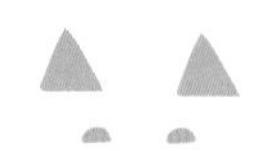

營養價值

板豆腐製作過程中有添加碳酸鈣，因此鈣質含量較其他豆腐製品高出許多，每 100 公克的傳統板豆腐鈣含量高達 140 毫克，是寶寶補鈣的好食材。

香蕉芝麻條

材料 INGREDIENTS

香蕉 1/2 根

芝麻粉 1 大匙（15 公克）

作法 STEPS

1. 將香蕉去皮，對切 2 次為長條狀。
2. 香蕉表面撒上芝麻粉。

營養價值

香蕉又稱為「快樂食物」，主要的原因在於它含有豐富的維生素 B6，能夠穩定情緒、製造快樂賀爾蒙；芝麻粉屬於「好的油脂」，含有豐富的鈣質、能夠幫助入睡，因此這道點心很適合在晚餐後食用，幫助寶寶一覺到天亮！

莓果麵包布丁

材料 INGREDIENTS

吐司 1 片（60 公克）
雞蛋 1 顆
奶粉 10 公克
藍莓 10 公克
草莓 20 公克
水 30 毫升

作法 STEPS

1. 將吐司切成立方塊、奶粉以 30 毫升的水沖泡、草莓切 4 等分。
2. 雞蛋打散，加入泡好的奶粉並混合均勻為布丁液。
3. 將吐司立方塊放入烤盤中，淋上布丁液。
4. 吐司浸泡於布丁液 10 分鐘，使其充分吸收液體。
5. 入烤箱，以 180℃烤 25 分鐘。
6. 表面放上藍莓及草莓做裝飾。（藍莓給寶寶食用前可先用叉子稍作碾壓，避免整顆吞入）

營養價值

莓果類含有豐富維生素 C、花青素及多種抗氧化物質，能夠維持寶寶皮膚健康、視覺成像功能、增強免疫力。

芋頭豆奶

材料 INGREDIENTS

芋頭 60 公克

無糖豆奶 190 毫升

作法 STEPS

1. 將芋頭洗淨、去皮、切丁，蒸煮 30 分鐘至叉子可碾碎的軟硬度。
2. 將煮好的芋頭加入無糖豆奶中。

營養價值

芋頭中含有豐富鉀離子，可以維持神經及肌肉正常運作、豐富的膳食纖維能夠調整腸道菌叢，以及幫助能量代謝的維生素 B1。

氣炸南瓜片

材料 INGREDIENTS

南瓜 85 公克

橄欖油 一小匙（5 公克）

作法 STEPS

1. 將南瓜洗淨、切片。
2. 表面淋上橄欖油。
3. 氣炸鍋以 180℃烤 20 分鐘。

營養價值

南瓜中具有抗氧化力的維生素 A、維生素 E、β-胡蘿蔔素屬於脂溶性營養素，和橄欖油一起烹調，可以提供吸收率，幫助寶寶打造好視力及不生病的體質。

麻油雞湯麵

材料 INGREDIENTS

麵線 40 公克

菠菜 50 公克

雞腿肉 35 公克

枸杞 5 公克

麻油 10 公克

雞高湯 200 毫升

作法 STEPS

1. 菠菜洗淨，切小段。
2. 雞高湯煮滾，將麵線、菠菜、雞腿肉、枸杞放入鍋中。
3. 將所有食材煮至全熟，淋上麻油。
4. 食用前，將麵線剪成寶寶好入口的大小即可。

營養價值

麻油是使用黑芝麻油或白芝麻當成主要原料壓榨製作而成，含有維生素 E、芝麻酚、芝麻木酚等多種天然抗氧化成分，香氣四溢，能夠提振寶寶食慾。

香蕉鬆餅

材料 INGREDIENTS

麵粉 40 公克

奶粉 15 公克

香蕉 1 根

雞蛋 1 顆

水 60 毫升

玄米油 1 小匙（5 公克）

作法 STEPS

1. 香蕉以叉子碾碎成香蕉泥。
2. 將麵粉過篩，與奶粉、雞蛋、香蕉泥混合均勻成鬆餅糊。
3. 開小火熱鍋，分批將鬆餅糊倒入鍋中，製作成寶寶好抓握的大小。
4. 以玄米油將雙面煎熟即可。

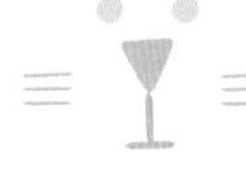

營養價值

用香蕉天然的甜味來取代砂糖，不但可以滿足寶寶對甜點的渴望，還能順便補充豐富膳食纖維，讓消化道更健康。

胡蘿蔔炒蛋

材料 INGREDIENTS

胡蘿蔔 100 公克

雞蛋 1 顆

橄欖油 1 小匙（5 公克）

作法 STEPS

1. 將胡蘿蔔刨絲、雞蛋打散。
2. 開小火，將橄欖油倒入鍋中熱油。
3. 將胡蘿蔔絲倒入鍋中拌炒，半熟後推至鍋邊。
4. 倒入蛋液，將胡蘿蔔與蛋液拌炒至全熟。

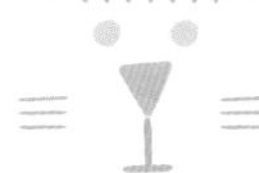

營養價值

胡蘿蔔中所含的 β - 胡蘿蔔素屬於脂溶性營養素，加點油脂料理吸收率更佳，胡蘿蔔與雞蛋的組合，這道料理對於皮膚黏膜健康、幫助視覺正常、提升免疫都有幫助。

番薯 QQ 餅

材料 INGREDIENTS

熟地瓜 1 條（110 公克）

木薯粉 10 公克

奶粉 15 公克

玄米油 1 小匙（5 公克）

水 30 毫升

作法 STEPS

1. 將地瓜去皮，搗碎成地瓜泥。
2. 奶粉以 30 毫升的水沖泡。
3. 地瓜泥加入奶粉水、木薯粉，並混合均勻。
4. 開小火熱鍋，倒入玄米油。
5. 將拌好的地瓜泥雙面煎熟。

營養價值

此階段的寶寶具備以牙齦壓碎食物的能力，能夠咀嚼更趨近於固態的食物，利用木薯粉創造出 QQ 的口感，能夠讓寶寶嘗試更多元的食物質地。

紅藜鮭魚蛋炒飯

材料 INGREDIENTS

鮭魚 35 公克

雞蛋 1 顆

紅藜飯 1 碗

高麗菜 50 公克

作法 STEPS

1. 中小火熱鍋，將鮭魚放入鍋內雙面煎熟。
2. 將煎好的鮭魚取出，去除魚刺，並將魚肉處理成碎塊狀。
3. 雞蛋打散，利用鍋中鮭魚的魚油拌炒。
4. 依序加入紅藜飯、高麗菜、鮭魚炒至全熟，再燜煮 5 分鐘使米飯更加濕軟，寶寶好入口。

營養價值

鮭魚和雞蛋去屬於優質蛋白質，紅藜麥則是營養密度高的超級食物，是一道有助於寶寶大腦及智力發展的料理，也具有高度營養價值。

南瓜海鮮燉飯

材料 INGREDIENTS

十穀米飯 1/2 碗
蛤蜊 80 公克
蝦仁 35 公克
洋蔥 30 公克
花椰菜 50 公克
南瓜濃高湯 1 包（150 毫升）
鮮奶 50 毫升
大蒜 5 公克
橄欖油 1 小匙（5 公克）

作法 STEPS

1. 開小火，鍋中加入橄欖油、大蒜炒至香氣出現。
2. 接著加入洋蔥及蛤蜊、蝦仁繼續拌炒。
3. 加入十穀米飯、花椰菜。
4. 南瓜濃高湯及鮮奶分次加入，同時一邊用鍋鏟將食材拌勻。
5. 將米粒煮軟後就完成了。

營養價值

南瓜香甜的滋味融入米粒當中，促進寶寶食慾，用鮮奶取代奶油，增加鈣質、蛋白質，這是一道兼具營養又均衡的寶寶料理。

雞肉野菇炊飯

材料 INGREDIENTS

糙米飯 1 碗
雞腿肉 80 公克
鴻禧菇 50 公克
洋蔥 20 公克
大蒜 5 公克
雞高湯 200 毫升
橄欖油 1 小匙（5 公克）

作法 STEPS

1. 將雞腿肉切小塊。
2. 開小火，鍋中加入橄欖油、大蒜、洋蔥炒至香氣出現。
3. 雞腿肉皮面朝下繼續拌炒。
4. 加入糙米飯、鴻禧菇。
5. 雞高湯分次加入，同時一邊用鍋鏟將食材拌勻。
6. 將米粒煮軟即可。

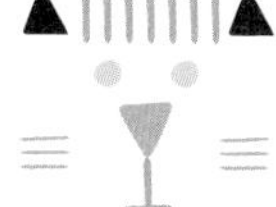

營養價值

糙米飯中含有豐富的醣類、維生素B群及膳食纖維，搭配富含優質蛋白質的雞腿肉，提供寶寶需要的必需胺基酸；鴻禧菇則含有水溶性膳食纖維及維生素D，能夠提升腸道健康及促進鈣質吸收。

10
～
12
個
月

鮮蚵菠菜烏龍麵

材料 INGREDIENTS

烏龍麵 60 公克

牡蠣 65 公克

菠菜 50 公克

作法 STEPS

1. 準備一鍋水，以中火煮滾。
2. 將烏龍麵、牡蠣、菠菜下鍋，全熟後撈起。
3. 可用食物剪將食材剪成寶寶好入口的大小。

營養價值

牡蠣有「海中牛奶」之稱，鋅含量相當高，搭配具有豐富維生素 C 的菠菜一同攝取，可以提升鋅的吸收率，這是一道增強抵抗力、營養均衡的餐點。

清炒海鮮筆管麵

材料 INGREDIENTS

筆管麵 40 公克
蝦仁 25 公克
蛤蜊 80 公克
九層塔 5 公克
花椰菜 50 公克
大蒜 5 公克
橄欖油 1 小匙（5 公克）

作法 STEPS

1. 將筆管麵煮熟備用。
2. 大蒜切末、九層塔切碎、花椰菜切小朵。
3. 開小火熱鍋，加入蒜末爆香。
4. 加入蛤蜊拌炒至殼打開。
5. 加入蝦仁、花椰菜繼續拌炒。
6. 加入九層塔拌炒至所有食材熟，再倒入煮好的筆管麵略炒一下即可。

營養價值

各種形狀的筆管麵適合作為寶寶手指食物；九層塔富含維生素 B 群及植化素，有抗菌消炎，預防感冒的效果。

鮮蝦餛飩

材料 INGREDIENTS

蝦仁 105 公克
豬絞肉 105 公克
高麗菜 40 公克
青蔥 10 公克
薑 5 公克
餛飩皮 10 張

作法 STEPS

1. 將蝦仁洗淨去除腸泥，並剁碎或以食物處理機絞碎。
2. 高麗菜切碎、青蔥切細絲、薑切末。
3. 將蝦仁、豬絞肉、高麗菜、青蔥、薑混合均勻。
4. 一張餛飩皮對切成 2 等份。
5. 將餡料包進餛飩皮中，手指沾少許水將餛飩皮壓緊。
6. 水煮滾，將餛飩下鍋煮至浮起。

營養價值

蝦仁屬於優質蛋白質及硒、碘、鐵、鋅等礦物質，還有珍貴的蝦紅素能夠抵禦 3C 產品的藍光。

鮭魚海苔壽司

材料 INGREDIENTS

無鹽海苔 1 張
紅藜飯 1 碗
鮭魚 35 公克
酪梨 40 公克

作法 STEPS

1. 鮭魚雙面煎熟，去除魚刺，魚肉用叉子撕成碎塊狀。
2. 酪梨取出果肉，並搗碎成酪梨泥。
3. 將無鹽海苔平鋪於乾淨的桌面上。
4. 依序鋪上紅藜飯、鮭魚、酪梨泥。
5. 將壽司一邊向內壓緊，一邊捲起，再切成小段即可。

營養價值

海苔是大海中的蔬菜，其所含的營養素有別於陸地植物，其中礦物質碘、維生素 B12 尤其豐富，生長發育階段的寶寶，也有預防惡性貧血的效果。

法國吐司

材料 INGREDIENTS

吐司 1 片（60 公克）
雞蛋 1 顆
鮮奶／配方奶 30 毫升
玄米油 1 小匙（5 公克）

作法 STEPS

1. 雞蛋打散、加入 30 毫升的鮮奶或配方奶攪拌均勻。
2. 將吐司浸泡於蛋液之中。
3. 以小火熱鍋，加入少許玄米油，將吐司雙面煎熟。

營養價值

簡單的法國吐司同時提供了醣類、蛋白質及油脂三大營養素，很適合作為寶寶正餐，將吐司切成條狀，可作為手指食物，訓練寶寶自主進食。

吐司披薩

材料 INGREDIENTS

吐司 1 片

雞蛋 1/2 顆

大番茄 10 公克

新鮮燙熟玉米粒／

無鹽玉米粒 10 公克

莫札瑞拉起司 15 公克

作法 STEPS

1. 雞蛋放入電鍋，蒸 20 分鐘後，泡冷水並去除外殼。
2. 煮好的雞蛋、大番茄切丁。
3. 將一片吐司至於桌上，鋪上雞蛋、大番茄、玉米粒。
4. 表面鋪上莫札瑞拉起司。
5. 烤箱 180 度烤 10 分鐘。

營養價值

莫札瑞拉起司是以水牛奶為主要材料，含有豐富蛋白質、鈣質豐富，可促進骨骼及牙齒的發育及健康，每 100 公克的莫札瑞拉起司約含有 16 毫克的鈉，是眾多起司當中鈉含量較低的，更適合寶寶食用。

玉米起司蛋餅

材料 INGREDIENTS

麵粉 20 公克

雞蛋 1 顆

新鮮燙熟玉米粒／

無鹽玉米粒 10 公克

莫札瑞拉起司 15 公克

水 50 毫升

玄米油 1 小匙（5 公克）

作法 STEPS

1. 麵粉加水攪拌均勻成麵糊。
2. 開小火熱鍋，倒入玄米油。
3. 將麵糊倒入鍋中，雙面煎熟成餅皮，取出備用。
4. 蛋打散，倒入鍋中，並擺上餅皮，使蛋液與餅皮結合。
5. 將蛋餅翻面，放上玉米粒、莫札瑞拉起司，捲起切塊。

營養價值

蛋餅是台灣常見的早餐，麵粉製的餅皮可以提供碳水化合物，雞蛋則是優質的蛋白質，搭配蔬菜、起司等食物餡料增加營養的豐富度。

苦茶油拌地瓜葉

材料 INGREDIENTS

地瓜葉 100 公克

苦茶油 1 小匙（5 公克）

作法 STEPS

1. 將地瓜葉去除硬梗，留下嫩葉。
2. 水煮沸，將地瓜葉燙熟 3 分鐘後撈起。
3. 加入苦茶油油拌勻。

營養價值

地瓜葉含有豐富維生素 A、葉黃素等脂溶性營養素，加入苦茶油一起食用，可以讓這些營養素更好吸收。

吻仔魚烘蛋

材料 INGREDIENTS

吻仔魚 35 公克

雞蛋 1 顆

蔥花 5 公克

橄欖油 1 小匙（5 公克）

作法 STEPS

1. 將蛋打散。
2. 加入吻仔魚及蔥花，均勻混合。
3. 以小火熱油，將蛋液雙面煎熟。

營養價值

吻仔魚鈣質豐富，每 100 公克吻仔魚有 157 毫克的鈣質，除此之外也是口感細軟、容易被人體消化吸收的優質的蛋白質。

香煎櫛瓜

材料 INGREDIENTS

櫛瓜 50 公克

橄欖油 1 小匙（5 公克）

作法 STEPS

1. 櫛瓜洗淨，切片。
2. 開小火，倒入橄欖油。
3. 將切片的櫛瓜放入鍋中煎至雙面金黃。

營養價值

櫛瓜含有豐富的鉀、鈣、鐵等礦物質及 β-胡蘿蔔素，能夠預防貧血、強健骨骼，同時還有提高免疫力等效果。

烤鯖魚

材料 INGREDIENTS

鯖魚 35 公克

作法 STEPS

1. 將鯖魚洗淨、擦去表面水分。
2. 將鯖魚皮面朝上，放入烤箱以 180℃烤 10 分鐘。

營養價值

鯖魚的 DHA 是魚類當中數一數二高的，小小一塊即可達到寶寶一日所需的，購買時要留意，選擇未經調味的鯖魚，市售「薄鹽」、「鹽漬」鯖魚對寶寶來説都會造成負擔喔。

清蒸玉米

材料 INGREDIENTS

玉米 1 根

作法 STEPS

1. 將一根玉米切秤 3 ～ 4 等份。
2. 放入電鍋中蒸熟（約 20 分鐘）。

營養價值

玉米含有維生素 A、維生素 C、維生素 E、葉黃素、玉米黃素、α- 胡蘿蔔素多種營養素，營養密度是白米飯的 6 倍且口感清甜，若寶寶吃膩了白飯，就用玉米取代吧！

馬鈴薯蛋沙拉

材料 INGREDIENTS

馬鈴薯 1 顆（180 公克）

胡蘿蔔 30 公克

雞蛋 1 顆

無糖優格 30 公克

作法 STEPS

1. 將雞蛋蒸熟（約 20 分鐘），泡冷水並脫殼備用。
2. 馬鈴薯、胡蘿蔔蒸 20 分鐘，筷子可穿透的代表熟透。
3. 馬鈴薯與雞蛋搗碎、胡蘿蔔切丁，放涼。
4. 加入無糖優格混合均勻，讓口感更滑順。

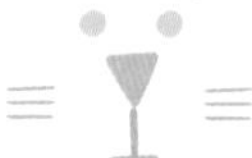

營養價值

用無糖優格取代沙拉醬，可增加鈣質及蛋白質，並減少鈉的攝取，直接吃或是夾在吐司裡給寶寶食用都可以喔。

雞肉漢堡排（可做 5 片）

材料 INGREDIENTS

雞絞肉（瘦肉）210 公克

胡蘿蔔 50 公克

洋蔥 50 公克

雞蛋 1 顆

作法 STEPS

1. 胡蘿蔔刨絲、洋蔥切丁，蛋打散。
2. 將雞絞肉、胡蘿蔔絲、洋蔥丁、蛋液混合均勻。
3. 開中小火，將肉排煎至熟透即可

營養價值

雞肉含有多種必需胺基酸，又助於成長發育與建構肌肉組織，很適合成長階段、活動量大的寶寶。

清蒸玉米筍

材料 INGREDIENTS

玉米筍 50 公克

作法 STEPS

1. 將玉米筍洗淨。
2. 電鍋中加入 1 杯水，將玉米筍蒸 20 分鐘至全熟。

營養價值

玉米筍是玉米的幼苗，在分類上屬於「蔬菜類」（玉米則是屬於「全穀根莖類」），玉米筍含有豐富膳食纖維、鉀、鐵、硒及維生素 B 群，以清蒸方式烹煮，可以保留水溶性營養素，此外，它的形狀也很適合當作寶寶的手指食物呢。

絲瓜蛤蜊冬粉

材料 INGREDIENTS

絲瓜 50 公克

蛤蜊 80 公克

冬粉 15 公克

薑絲 5 公克

橄欖油 1 小匙（5 公克）

作法 STEPS

1. 絲瓜切薄片、冬粉以開水泡軟。
2. 開中火，將橄欖油與薑絲下鍋並煸出香氣。
3. 加入蛤蜊、絲瓜稍微拌炒，並蓋上鍋蓋悶煮 10 分鐘。
4. 打開鍋蓋，確認蛤蜊打開、絲瓜軟化、釋出大量水份後加入冬粉。
5. 將冬粉煮熟後即可食用。

營養價值

蛤蜊含有豐富的鋅、多種礦物質及蛋白質，味道鮮美甘甜，不需要額外加調味料就很好吃。

蘿蔔玉米排骨湯

材料 INGREDIENTS

玉米 85 公克

豬小排（排骨）35 公克

白蘿蔔 50 公克

水 500 毫升

作法 STEPS

1. 將玉米切成寶寶好抓握的大小。
2. 排骨汆燙後切塊備用。
3. 將白蘿蔔、玉米放入鍋中，加 500 毫升的水，以中火燉煮。
4. 水滾後加入排骨，繼續燉煮 30 分鐘，使肉質軟化。

營養價值

蘿蔔中富含葉酸、β-胡蘿蔔素、維生素 C 及多種消化酵素，寶寶經常脹氣、消化不良時，可以給他吃些蘿蔔幫助消化。

番茄牛肉湯

材料 INGREDIENTS

大番茄 50 公克

胡蘿蔔 20 公克

洋蔥 30 公克

牛腱肉 35 公克

馬鈴薯 90 公克

水 300 毫升

作法 STEPS

1. 將大番茄、胡蘿蔔、洋蔥、馬鈴薯切丁。
2. 牛腱肉汆燙後切塊備用。
3. 將大番茄、胡蘿蔔、洋蔥、馬鈴薯放入鍋中，加 300 毫升的水，以中火燉煮至滾。
4. 加入牛腱肉，繼續燉煮 30 分鐘，使蔬菜釋放水分，湯頭更清甜。

營養價值

多種蔬菜中豐富的維生素 C，可促進牛肉中鐵質的吸收以及膠原蛋白的合成，可幫助寶寶維持好體力。

酪梨牛奶

材料 INGREDIENTS

酪梨 40 公克

鮮奶／配方奶 120 毫升

作法 STEPS

酪梨及鮮奶或配方奶加入果汁機中，攪打 3 分鐘至濃稠狀。

營養價值

寶寶需要好的油脂來幫助其腦部及視力發育，酪梨在六大類食物中屬於油脂類，營養價值及熱量高，特別適合想要增加體重的寶寶。

芝麻豆漿豆花

材料 INGREDIENTS

豆花 140 公克

無糖豆漿 85 毫升

芝麻粉 10 公克

作法 STEPS

1. 將豆漿倒入豆花中。
2. 表面撒上芝麻粉即完成。

營養價值

豆漿、豆花、芝麻粉皆為植物來源、鈣質豐富的食材，特別適合成長發育階段或素食寶寶食用。

杏仁燕麥粥

材料 INGREDIENTS

杏仁粉 7 公克

燕麥片 20 公克

豆漿 120 毫升

作法 STEPS

1. 將杏仁粉、燕麥片、豆漿置於鍋中，以小火加熱 10 分鐘。
2. 加熱過程中需不斷攪拌。
3. 攪拌至燕麥煮熟並軟化即可。（若使用「即時燕麥片」代表燕麥已熟，可以直接倒入熱豆漿，等待燕麥片軟化即可）。

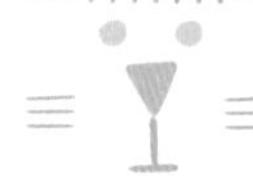

營養價值

杏仁及燕麥皆含有豐富維生素 B、E 及膳食纖維，加上豆漿豐富的植物性蛋白質，可以維持寶寶皮膚及毛髮健康，杏仁粉也可以換成芝麻粉或其他堅果粉變換口味。

紅豆紫米粥

材料 INGREDIENTS

紅豆 25 公克

紫米 20 公克

龍眼乾 11 公克

水 200 毫升

作法 STEPS

1. 將紅豆及紫米泡水 2 小時。
2. 將紅豆、紫米、龍眼乾放入電鍋中，加入 200 毫升的水。
3. 燉煮 30 分鐘讓紅豆及紫米熟軟，龍眼乾釋放甜味。

營養價值

紫米富含鐵、鈣、維生素 B 群，可以預防缺鐵性貧血維持骨骼及牙齒健康，也含有具抗氧化功能的花青素，能夠維持視力健康、預防細菌入侵。

香蕉奇亞籽優格

材料 INGREDIENTS

無糖優格 210 公克（約 3/4 杯）

香蕉 35 公克（1/2 根）

奇亞籽 5 公克

即食燕麥片 20 公克

作法 STEPS

1. 將香蕉切片。
2. 準備一個碗，依序加入無糖優格、香蕉、奇亞籽及即時燕麥片。
3. 稍微攪拌並靜置 15 分鐘，使燕麥及奇亞籽吸水軟化。

營養價值

奇亞籽是鼠尾草的種籽，與液體混和時周圍會形成凝膠狀，寶寶可以品嘗到獨特口感卻又好吞嚥；此外，奇亞籽富含膳食纖維、維生素 B、鈣、磷、鎂，營養價值很高！

蔬菜起司派

材料 INGREDIENTS

雞蛋 2 顆
花椰菜 20 公克
大番茄 20 公克
洋蔥 10 公克
玄米油 1 小匙（5 公克）
莫札瑞拉起司 15 公克

作法 STEPS

1. 花椰菜、大番茄、洋蔥切丁。
2. 雞蛋打散，加入作法 1 的蔬菜拌勻。
3. 烤盤抹一層玄米油，防止沾黏。
4. 將蛋液倒入烤盤中，表面撒上莫札瑞拉起司。
5. 放入烤箱以 180℃烤 20 分鐘，脫膜後即可食用。

營養價值

蔬菜含有多種植化素，搭配優質蛋白質雞蛋與起司，營養豐富，適合作為寶寶下午點心。

茄汁肉醬義大利麵

材料 INGREDIENTS

義大利麵 40 公克
大番茄 1 顆
無鹽番茄泥 100 公克
洋蔥 30 公克
豬絞肉 70 公克
大蒜 5 公克
橄欖油 1 小匙（5 公克）
水適量（可加可不加）

作法 STEPS

1. 將水煮滾，加入義大利麵煮熟備用。
2. 大番茄、洋蔥切丁，蘑菇切片，大蒜切末。
3. 開中小火熱鍋，加入蒜末爆香。
4. 加入大番茄、洋蔥、蘑菇、豬絞肉繼續拌炒。
5. 倒入番茄泥或番茄汁，必要時可加入一些水調整濃稠度，做成肉醬。
6. 將肉醬淋在煮好的義大利麵上即完成。

營養價值

義大利麵以小麥粉為主要原料，含有的蛋白質、膳食纖維、維生素 B2、鈣、鐵等營養，搭配新鮮蔬菜、肉類等配料，就是營養與均衡的一餐。

營養師媽咪的健康寶寶飲食法

從寶寶過敏、感冒、挑食各種飲食問題的專業建議，

到如何料理寶寶粥和BLW手指食物，70道讓媽媽輕鬆準備的副食品，給孩子健康又營養的每一餐。

作　　者　孫語霙
責任編輯　呂增娣
封面設計　劉旻旻
內頁設計　劉旻旻
行銷企劃　吳孟蓉
副總編輯　呂增娣
總 編 輯　周湘琦

董 事 長　趙政岷
出 版 者　時報文化出版企業股份有限公司
108019 台北市和平西路三段 240 號 2 樓

發行專線　(02)2306-6842
讀者服務專線　0800-231-705　(02)2304-7103
讀者服務傳真　(02)2304-6858
郵　　撥　19344724 時報文化出版公司
信　　箱　10899 臺北華江橋郵局第 99 信箱

時報悅讀網　http://www.readingtimes.com.tw
電子郵件信箱　books@readingtimes.com.tw
法律顧問　理律法律事務所　陳長文律師、李念祖律師
印　　刷　勁達印刷有限公司
初版一刷　2023 年 4 月 21 日
定　　價　新台幣 420 元

（缺頁或破損的書，請寄回更換）

營養師媽咪的健康寶寶飲食法：從寶寶過敏、感冒、挑食各種飲食問題的專業建議，到如何料理寶寶粥和 BLW 手指食物，70 道讓媽媽輕鬆準備的副食品，給孩子健康又營養的每一餐。/ 孫語霙著 . -- 初版 . -- 臺北市 : 時報文化出版企業股份有限公司 , 2023.04
面；　公分
ISBN 978-626-353-669-2（平裝）

1.CST: 育兒 2.CST: 小兒營養 3.CST: 食譜
428.3　　112004030

時報文化出版公司成立於 1975 年，並於 1999 年股票上櫃公開發行，於 2008 年脫離中時集團非屬旺中，以「尊重智慧與創意的文化事業」為信念。

ISBN 978-626-353-669-2
Printed in Taiwan.